同一个家园

建设大熊猫国家公园口述实录

熊蕊 程普◎著

四川科学技术出版社

图书在版编目（CIP）数据

同一个家园：建设大熊猫国家公园口述实录 / 熊蕊，程普著. -- 成都：四川科学技术出版社，2024.3
ISBN 978-7-5727-1302-6

Ⅰ. ①同… Ⅱ. ①熊… ②程… Ⅲ. ①大熊猫－国家公园－中国－普及读物 Ⅳ. ① S759.992-49
② Q959.838-49

中国国家版本馆 CIP 数据核字 (2024) 第 052342 号

同一个家园

TONGYIGE JIAYUAN

建设大熊猫国家公园口述实录

JIANSHE DAXIONGMAO GUOJIA GONGYUAN KOUSHU SHILU

出 品 人　程佳月
著　　者　熊 蕊　程 普
封面供图　中国大熊猫保护研究中心
策划编辑　江红丽
责任编辑　江红丽　潘 甜
装帧设计　四川看熊猫杂志有限公司
责任出版　欧晓春
出版发行　四川科学技术出版社
地址：成都市锦江区三色路 238 号　邮政编码：610023
官方微博：http://weibo.com/sckjcbs
官方微信公众号：sckjcbs
传真：028-86361756
成品尺寸　145 mm × 210 mm
印　　张　8.75
字　　数　175 千
印　　刷　成都兴怡包装装潢有限公司
版　　次　2024 年 3 月第 1 版
印　　次　2024 年 3 月第 1 次印刷
定　　价　58.00 元

ISBN 978-7-5727-1302-6
邮　购：成都市锦江区三色路 238 号新华之星 A 座 25 层　邮政编码：610023
电　话：028-86361770

序言

浪漫的相遇

敲开门，坐下聊天，故事浮现。

在我们这个行业，有无数大熊猫的趣闻，有许多从业者的故事。两位作者，保持着对陌生人故事与陌生文化的好奇和倾听，希望从记者的视角来看待大熊猫保护工作。

对两位作者而言，从陌生到了解，感悟一定是深刻的！对我和我们从事野生动物保护研究的同业者来说，大熊猫一直是令人迷恋的物种。我们专注于研究动物和它们栖息的家园，钻研某个学科、某个行业，探究自然万象之间的相互联系。

行业外的来访，大多会着眼于大熊猫本身及其故事，关注大熊猫保护从业者的却不太多。很多时候，我们也渴望把自己的故事与周围的人分享。

现在，两种截然不同的视角、两种迥然相异的思维，碰撞在一起。在本书呈现的故事中，两种视角、两种思维有了更密切的联系。

这样的交流，是动人的。

大熊猫，一种至少在地球上生存了 800 万年的物种，数十万年前曾遍布我国，足迹北达北京周口店，南抵越南、缅甸边境。在度过漫长而残酷的冰河期后，大熊猫的栖息地急剧萎缩，野生种群退至邛崃山、岷山、秦岭、大相岭、小相岭山系，五大山系成为它们最后的庇护所。随着气候变化和人为活动影响的加剧，栖息地碎片化成为野生大熊猫生存的主要威胁。全国第四次大熊猫调查结果显示，野生大熊猫被分隔成 33 个局域种群，部分微小种群存在极高的灭绝风险。

一场由国家主导的关于大熊猫及其栖息地最高级别的保护拉开帷幕。以大熊猫保护从业者为代表的人们，在大熊猫保护研究和大熊猫国家公园建设中，奉献着自己的力量。他们有的是科技工作者，有的是文化宣教人员，有的是巡护员，有的是普普通通的农民……

现在，这群人中的代表，通过两位作者为读者“口述”他们的故事。口述，以其生动、具体、细腻见长，它的内容是口述者亲历、亲见、亲闻的，可视为直接的第一手材料。

这样的故事，是鲜活的。

目前，围绕大熊猫保护的主题尚没有“口述实录”这一形式的著作。建设大熊猫国家公园口述实录，不仅可以补充文献资料记载的缺乏，还可以展示和挖掘在建设大熊猫国家公园的整个进程中当事人的真切体悟和细腻感受，有助于我们还原历史的景象。

历史的景象，是大熊猫国家公园体制机制建

立的参与者从国家战略、地方经济到村民生活，思考如何更好统筹保护与发展。

历史的景象，是科技工作者在大熊猫保护中，面对一道道难题、一次次攻克后取得成功的喜悦。

历史的景象，是护林员在公园内一次次的巡护中，面临的孤独、危险和内心的坚守。

历史的景象，是公园内的村民在“人退猫进”中一次次疑惑，又一次次借助公园建设实现增收致富。

历史的景象，是不远千里的从业者在大山中收获爱情、成家立业，也是朴实山民投喂进入家中的野生大熊猫，还是大熊猫文化宣教人员在不断追问中试图破译大熊猫文化的内涵和外延……

这样的“口述”，是有价值的。

如今，随着大熊猫保护工作的不断发展，《中国的生物多样性保护》白皮书已经将大熊猫受威胁程度等级从“濒危”降为“易危”。

这些成果证明了中国在大熊猫保护中取得了举世瞩目的成就。同时，我们也更深刻地意识到，保护大熊猫不仅是保护大熊猫本身，更是保护大熊猫赖以生存的生态系统。

而这，也是在保护人类自己。

敲开门，两位作者与大熊猫相关的人和故事相遇，这是浪漫的。

翻开书，读者也会和我们浪漫相遇。

以上，是为序。

李德生

中国大熊猫保护研究中心副主任、首席专家

2023 年 3 月

前言

当下即历史　在若干年后

2016 年，当大熊猫国家公园这个词第一次出现的时候，程普问我，如果让你做关于大熊猫国家公园的报道，你想采访什么？我回答，我关心公园里那些跟大熊猫有关的人。

我们闲聊：大熊猫是“世界顶流”，在我国，大熊猫作为国宝一直被很好地保护着。比如饲养员，是“奶爸奶妈”；巡护队员，是“保镖”；大熊猫文化推广者，是“经纪人”……这些人组成了大熊猫保护联盟。

他们是生态文明的实践者、大熊猫的守护

者、大熊猫文化的传播者，除此之外，他们还是最普通的劳动者，平常如你我。克林凯尔说，把每一件平凡的事做好就是不平凡。这些人数十年如一日地在自己的岗位上默默工作，不是英雄，胜似英雄。所以，我们给他们起了个名字——“英‘熊’联盟”。

还没有走进大山时，我羡慕他们，梦幻式地畅想，如果在大熊猫国家公园里生活，每天打开窗户，就有大熊猫趴在我的窗前，还有无数的珍禽异兽与我为伴。我可能吹个口哨，就有一只松鼠跳进我的房间，跟我捉迷藏。还有比这更梦幻的童话王国吗？我甚至还抱着侥幸心理，如果在宝兴的大山里蹲一周，可能会拍到野生大熊猫下山。我还给自己戴了个“帽子”——成为第一批记录大熊猫国家公园现状的记者。

梦想总是要有的，但那确实只是梦想。真正走进公园的地盘，一脚踩进泥地里，鞋拔不出来，才知道，那只是幻想中的“童话王国”。他们之中的许多人，工作了 5 年，甚至 10 年，都没有见到过一次野生大熊猫，只和大山为伴。

随着采访的深入，愈发庆幸自己是记者，有机会走近他们，看到这个群体的柔软，也看到他们的坚强；看到为生态文明保护付出努力的一群人，也看到什么叫平凡背后的不平凡。

我在写作中也听到了一些不同的声音：新闻领域的口述实录，大多为了迎合读者的时尚趣味，话题单调类同，深度不足；口述实录作品几乎都呈现出“碎片集纳”的状态，粗糙易碎；等等。但在本书中，我们仍然记录下了这些故事。

几乎整个县域都被纳入大熊猫国家公园建设的一个县，如何克服转型发展的阵痛；在大熊猫国家公园南部入口社区，一个深山小村落的大梦想是什么；要让人工繁育的大熊猫重返森林，需要经历哪些野化放归的“魔鬼训练”；高山上的一户农家，为什么大熊猫几乎每年都要“闯”进他家里去找吃的；作为“林三代”的年轻女孩，爷爷是砍树人，爸爸是种树人，自己是守树人，深居大山的她怎样对待孤独……

我们认为，众多声音的协同互补，能多层次、多角度地再现真实世界的广阔与复杂，展现本真的大熊猫国家公园。

我们相信，当下即历史，在若干年后。

熊蕊

2023 年 3 月

目　录

CONTENTS

能写下他们的故事，是我的幸运

● 口述／谭楷　中国作家协会会员，科幻世界杂志社原总编辑

大熊猫的故事，我可以聊好多个晚上，但是我今天最想聊聊大熊猫和人的故事。

大熊猫的主要栖息地，是四川西部的森林。这里有地球上最美的风景。20 世纪 50 年代，我读中学时，读到一首叫《夜景》的诗：

森林抱住一个月亮，
针叶撒出万缕青光；
一串串明明朗朗的珠宝，
一串串星星，挂在树枝上。
好一个醉人的童话般的夜景，
好一个迷人的安静的海洋。
……

这首诗真美，它的作者是傅仇。1954 年，傅仇进入海

拔 3 000 多米的川西高原原始森林体验生活，先后 30 余年。他体弱多病，但长期与伐木工人一起上山伐木，同住工棚，晚间教他们学文化。如遇工人病了，就给他们熬粥、送茶水，寻医找药。九架棚沟大石包林区失火，他同工人一起闯入火海，扑灭山火。

傅仇热爱着每一片森林、每一棵树。他在《夜景》中描绘：“一根新针叶悄悄生出来，刺着飞鼠，在梦中抖抖翅膀”“一颗颗露珠像失眠的野鸽，闪着绿的眼睛白的光”。诗中的细节，真是迷人！

他的墓志铭上写着“我走了，我还是一棵树”。

川西的森林美，而且还有很多故事。

40 多年前，我有幸登上了中外合作研究大熊猫的野外观察站——卧龙自然保护区的“五一棚”。

那时，中外工作人员区别很大。外国工作人员穿着轻便保暖的羽绒服，脚蹬登山鞋。中国工作人员的装备要寒酸得多：脚蹬农田胶鞋，腿缠毛织绑腿，身穿军大衣。风雪中归来，脸颊冻得铁青。

火塘边，一双双糊满稀泥的农田胶鞋，烤出“五一棚”特有的、散不去的臭胶味；一只只上脚半个多月就穿烂的新胶鞋，张口述说着山路上的艰辛；到了夏天，晾晒在绳子上的一件件“血衣”，述说着旱蚂蟥、草虱子的凶狠。

那时，胡锦矗教授才 50 多岁，夏勒博士、潘文石教授也才 40 多岁。还有来自川陕甘大熊猫保护区的年轻人，与专家们一起摸爬滚打。在崎岖的山路上，在炽热的火塘边，他们学到了课堂上、书本里学不到的跟踪野生大熊猫的知识。之后，他们成为各个“山头”的业务骨干。

那时，四川省林业厅的胡铁卿处长，跟我掰指头算，守护大熊猫的专业队伍，全国不过百人。他曾叹息，大大的版图，小小的队伍，如此重任，怎么承担？！

之后，我看见一批又一批的大学生不断壮大着这支队伍。从秦岭到卧龙，从岷山到瓦屋山，到处都可以看到青春的笑容。吕植、王大军、张和民、王鹏彦、魏荣平、汤纯香、张贵权、陈佑平、鲜方海、张志和、张黎明、熊跃武、王磊、谌利民等，一批 20 世纪 80 年代至 90 年代成长起来的青年，如今已经成为各个“山头”的负责人。

40 年的变化，翻天覆地，但平凡的故事仍然在传承。

很多巡护员都来自当地。想一想，四川省有 46 个大熊猫自然保护区，大概有 1 387 只野生大熊猫生活在岷山、邛崃山、大相岭、小相岭以及凉山山系的崇山峻岭之中。如果当地民众不给力，大熊猫又如何被守护呢？

30 多年前的卧龙，当地民众对保护大熊猫很抵触。经过教育，他们收起乱砍的刀斧和捕猎工具。

“5·12”汶川特大地震，离震中映秀直线距离仅 10 千米的卧龙，垮塌少，损失也较小。民众都说“是大熊猫保佑了我们”。因兽舍被震毁，中国大熊猫保护研究中心决定，将数十只大熊猫转移到碧峰峡等地。临行那天早晨，当地民众纷纷涌向公路旁，依依不舍挥泪送别大熊猫。那情景，真是感人！

1991 年 11 月 6 日，在秦岭的佛坪三官庙保护站发生过这样一件事：保护区的汪铁军一行，在草坪的山梁上发现一只被妈妈遗弃的大熊猫幼崽，已经奄奄一息。汪铁军把可怜的小家伙抱回保护站，找不到适合的食品，想到附

喂养大熊猫　何鑫／供图

近村民何长林家有个吃奶的孙子，便把大熊猫幼崽抱到何家。何爷爷爱孙子，也爱大熊猫，给它冲好一瓶牛奶。何奶奶先在大熊猫幼崽嘴边滴了几滴奶，小家伙尝到滋味，叼住奶嘴就大口吮吸起来。这只大熊猫后来被取名为“坪坪”，为陕西大熊猫的繁衍立了大功。

更有趣的是，这只与“坪坪”共用一只奶瓶的小孩儿叫何鑫，长大成人后，在陕西秦岭大熊猫野化培训基地工作，成为“熊猫奶爸”。“坪坪”年近 19 岁，“退休”后到基地安度晚年，恰恰又是何鑫来照顾它。

2015 年春天，我见到了何鑫，小伙子如数家珍地介绍起他照料的“猫”。我在想，人与大熊猫可以共用一只奶瓶，也同住一个地球。村民的大爱挽救了大熊猫的生命，大熊猫改变了一个山区青年的命运，让遥远的三官庙与世界紧密联结在一起。

还有一些巡护员“迁徙”而来。有一个北方姑娘，叫付明霞。她圆圆的脸蛋，笑起来露出一口雪白的牙齿。这位土生土长的青海姑娘，两颊不仅褪去了高原红，还分外白皙。都知道，雅安以“雅雨、雅鱼、雅女”闻名于世，付明霞来到雨天多晴天少的大相岭不到 3 年，已变成典型的“雅女”。

她出生于青海，在内蒙古读大学，在云南实习，习惯干旱与干燥的环境。最让她难受的是大相岭地处“华西雨屏”中心地带，年降水量多达 1 800 毫米，一年 365 天约有 300 天下雨或降雪，空气潮湿得衣服能拧出水来。一觉醒来，睡袋都是湿漉漉的，而泥泞溜滑的路，让她受过伤的膝关节疼痛不已。

白天，她在林中穿行，搜集资料；晚上，她回到补给站，围火烤干衣服，抓紧时间整理记录。要保持好的体力，就必须能吃能睡。付明霞曾在小水电站一块紧靠电机的地方睡觉，连记者都感到惊讶，“她怎么能在雷鸣般的轰隆声中安然入睡”！

保护区面积 2.9 万公顷，巡山任务很重。为给大熊猫放归工作打好基础，保护区通过精挑细选，组成 7 人的专职监测队和 10 人的后勤保障队，加上局里的科研队伍，全由 29 岁的付明霞指挥。

她一开口，那字正腔圆、表达清晰的普通话，让人听得很舒坦。今天去哪里？去大石坝，去云雾山，去茶马古道？目标、路线、任务、注意事项她都讲得清清楚楚、明明白白。

还有我一直关注的跟“野放”有关的人。2016 年圣诞节前，我在温哥华探亲。半夜，我接到中国大熊猫保护研究中心宣传部赵燕的电话。她极其伤心地告诉我，韦华被

大熊猫“喜妹”与女儿“八喜”在野化培训环境中　中国大熊猫保护研究中心／供图

大熊猫“喜妹”咬成重伤。我万分震惊！

从2006年春天放归“祥祥”，到2013年秋天放归“张想”，我都在现场。我知道，“母带崽”的野放实验，正在稳步进行。项目负责人吴代福向我介绍：“韦华是研究生，已经是桂林七星动物园熊猫馆的馆长，却扔下‘官’不做，到雅安基地当一名大熊猫饲养员。在那里，他与‘喜妹’建立了亲密关系。后来，韦华加入野放队。‘喜妹’带上它的女儿‘八喜’，来到天台山野化培训基地。几天后，韦华和杨长江去培训圈内探访它们母女。想不到，‘喜妹’误认为韦华对它的女儿有威胁，发疯似的对韦华又抓又咬。幸亏杨长江冒死抢救，把韦华拖到电网之外，这时韦华已经被咬成重伤。大家齐心协力，将他及时送到医院。在经过手术并输入 4 000 毫升鲜血后，韦华才脱离了危险。”

白雪覆盖的山路上，留下一条鲜红的血迹。

韦华的事让我心痛难眠。由于有 16 小时的时差，深夜里，我通过国际长途电话采访了张和民、吴代福、杨长江、冯高志、张大磊，以及熊猫办相关人员、韦华的家人。在那个多雪的初冬，我写下了两万多字的《“熊猫人”向祖国汇报》。

我回顾了大熊猫“珍珍”因为护崽，凶狠地咆哮着，追赶胡锦矗和夏勒；大熊猫“青青”在接受张和民的训练时突然发飙，咬得张和民鲜血长淌，睡了 50 多天才站得起来……

对于野放的大熊猫，我们巴不得它野性十足，回归山林，才能占山为王，生存繁衍。但是，野性十足就可能会伤人，大熊猫的守护者，真是一种危险的职业。

跟踪大熊猫守护者的足迹，记下他们的故事，是我生命的一部分。从 1980 年采访胡锦矗开始，40 多年了。这些平凡的故事，我觉得非常动人。

人只要被感动了，什么事情都好办。

30 多年前，我就被北京大学生物系毕业的学生曾周感动。从保护站到曾周墓地，约 600 米。整整 30 年，为曾周扫墓的愿望，一直在我心中深藏。他刚考上研究生，便跟随潘文石教授来到三官庙，为跟踪大熊猫迷了路，摸黑夜行时在三星桥附近坠下百米深崖。他的手表碎了，生命定格在 1985 年 4 月 17 日 20 时 10 分。书包里，有刚拾到的大熊猫粪团，笔记本上刚写下“4 · 17，黑梁沟有巴山木竹分布……”

21 岁的曾周，实在是太年轻了，一切才刚刚开始，又戛然而止。

我们献上花束，向曾周默哀、敬礼。我对曾周说：“曾周，我们是从未谋面的忘年之交。你献身的大熊猫保护事业，已经吸引了众多年轻人参与。看到勇往直前的年轻人，我总要想起你……”

爸妈会觉得，

女儿干这个事能光宗耀祖

● 口述 / 付明霞　荥经县大相岭自然保护区管护中心副主任

干我们这行，第一次捡到大熊猫屉屉，都很兴奋！

我们在深山里到处寻找和收集大熊猫的新鲜粪便，3 天以内的新鲜粪便可以监测大熊猫的个体信息和性别，带有竹节的粪便可以监测大熊猫的年龄结构。

根据 2015 年全国第四次大熊猫调查报告（以下简称“四调”）公布的结果，在整个 6 000 多平方千米的大相岭山系，只有 38 只大熊猫，种群密度相当低。我们这边大熊猫遇见率太低了，不像宝兴，时不时就下来一只。

我所在的荥经县大相岭自然保护区，是大相岭山系种群的核心分布区。保护区面积 290 平方千米，四调时有 7 只“猫猫”，我们现在监测到有 11 只。“猫猫”也不完全在保护区范围内，它会来回窜。大熊猫有领地意识，会在领地内不断标记，到处巡一巡。

大相岭山系有点儿特殊，相对于其他山系，平均海拔很低，这意味着人为干扰特别大。荥经整个范围内，以前有很多小水电和矿山，加上伐木，构成主要经济来源，这三者被称为“木头、石头、水头”，这个老“三头”经济对大熊猫影响挺大，影响栖息地完整性。

大熊猫必须依赖大树来躲避自然灾害和天敌。树砍光了，大熊猫首先失去了庇护所。一段时间内森林生态也会发生变化，灌木、藤本植物都会疯长。大熊猫对栖息地的选择有一定倾向，原始森林没有被砍过的区域，大熊

珙桐　宋心强 / 供图

独叶草 宋心强 / 供图

猫就很爱去。森林恢复的过程中，有一些林子恢复得不太好，会长成冷箭竹、八月竹纯林。以前这里叫泡草湾，泡草（悬钩子）特别多，有过密的竹子或者过密的泡草的地方，对大熊猫来说都不是很适宜的栖息地。

大熊猫和我们人一样，也会挑食。高大乔木林里的竹子，因为受阳光直射少，竹叶里面单宁一类的化合物少一些，适口性强。太阳照射得多，竹叶上会产生很多抵抗紫外线的东西，对大熊猫来说，适口性比较差。所以大熊猫喜欢吃高大乔木林里的竹子。这些竹子也会分布得相对稀疏，因为它们接触到的阳光有限。竹林要稀还是要密，才适宜大熊猫栖息，这是我们现在研究的一个方向。

除了栖息地保护研究，还要研究大熊猫种群本身。

我们从 2017 年开始，持续每年两次监测，打算搞清楚野外到底有多少只大熊猫以及它们的年龄结构、性别比例等。有了这些数据，才能决定野化放归的“猫猫”是雄性还是雌性，应该放到哪个区域……

我是青海人，在内蒙古读书，研究两栖爬行动物。本科、硕士一共读了七年。

很多人问过我这个问题：你一个青海人，为什么会跑到四川来？

算巧合吧！

毕业后，老师介绍我去昆明动物研究所当科研助理，做两栖爬行动物研究。我现在的同事宋心强，当时也在昆明动物研究所当科研助理。宋心强组上有个师妹是西华师范大学的，西华师范大学有野保专业，荥经县大相岭自然保护区这边经常会联系西华师范大学，“你们学生毕业了，有没有合适的，介绍一些过来工作。”那会儿是2017年，刚开始开展大熊猫国家公园试点，保护区想引进点儿有专业技术背景的人。阴差阳错，通过宋心强师妹的介绍，我

棕点湍蛙　宋心强／供图

和他都投了简历。投完简历，对方说，是在大熊猫保护区里做保护工作。我们就说，那要不试试。就这样，我和宋心强都来了。我本来是准备考博的，想继续做两栖爬行动物研究，没想到会接触大熊猫。

这样一来，我基本上算是改变了研究方向。我们刚来的时候，对大熊猫并不了解，甚至还挺陌生。连忙找老师“充电”，参加各种培训，再到其他的兄弟保护区去交流学习。

以前在云南、内蒙古跑的时候，环境跟这里完全不一样。北方气候干燥，林下好跑，没有那么密的植被。在云南做两栖爬行动物调查，大部分时间在钻河沟，晚上去河沟里找青蛙，白天有时也会钻林子。那里热带雨林分层很明显，上面有高大乔木，底下草本植物比较稀疏，灌木也不是特别密，基本上望一眼，看三四十米没问题。在这里，间隔十几米，人可能就走丢了。钻冷箭竹林最恼火。冷箭竹长得跟我差不多高，前面有向导，后面的人得跟紧一点儿，不然容易走丢。我第一次参加野外调查，在冷箭竹林里，刚开始走的时候劲儿还挺大的，也能走得动。完成任务往回走的路上，冷箭竹的细枝挂在脚上，根本抬不动腿，而且，越抬不起来越挂脚……

大熊猫国家公园正式成立后，我们保护区有了另外一块牌子——“大熊猫国家公园荥经县管护总站”，工作和之前相比，有很大不同。

2017 年我刚来时，保护区在全县是存在感非常低的一个单位。我说“我是大相岭国家级自然保护区的”，大家都不知道这个单位。我说“我是县林业局的”，人家才点点头。

干我们这行，原本圈子就很窄，以前我在大街上走都不用抬头，因为没有认识的人。现在，我是县政协委员，

大眼斜鳞蛇　宋心强／供图

宋心强是县人大代表，我们还参加了县上的人才联盟……这些平台让我们打开了眼界，增长了见识。通过各种各样的渠道，我们在非常短的时间内吸收了大量的新知识，如县域经济发展、社区和保护区的关系……这样，考虑问题就会更全面一点儿，现在我们就在做社区项目。

以前工作比较难开展，做野外调查必须得有经费才行。红外相机要买；电池、卡、GPS 设备要买；野外向导费要给……随着大熊猫国家公园的成立，领导对我们更重视了。我们存在感这么低的一个单位，居然连续好几年引进人才，很难得。现在，我们单位可能是全县研究生占比最高的。我们那一批，全县引进了 9 个研究生，有 6 个在我们这儿。现在我们有 7 个硕士，平均年龄 31 岁，我是九〇年的，最小的九七年，一个小妹妹，荥经本地人，去西华师范大学读研了，毕业以后回这里继续工作。

我跟同事开玩笑说，感觉最近像在“跑通告”。央视、湖南卫视、浙江卫视都来采访我们……刚开始，对新闻媒体采访，我比较抗拒。保护区领导一直做我们的工作：树立典型的目的，不光是为了我们单位发展，也是为了荥经，为了大熊猫国家公园，让大众了解我们的保护工作，这样工作才好开展。

我在朋友圈从来不会发在野外的状态，怕家里人担心。一天到晚在山里面，穿着迷彩服，爬呀爬，到底为啥？他们觉得，以我的学历，去当个老师，或者考个公务员，就很体面。但是在我看来，无论干什么工作，其实都差不多。首先它是一个工作，除此之外，我肯定要选择更开心的事儿去干。像我们这种专业，如果想继续干，就得在山里爬，不在山里爬，要么就去做室内研究，要么就去读博留校任教，反正就这几个选择。我喜欢在山里，不喜欢大城市。

大熊猫国家公园正式成立后，我们不断在新闻媒体上露面，很有实现自我价值的感觉，不像以前，还要藏藏掖掖的。爸妈也会觉得，他们的女儿在那儿干这个事情还是很光宗耀祖的。

我在荥经买了房。在我们那个小区，松鼠会跑进屋，小区里发现过蛇，绿化带里鸟儿会去筑巢。之前有段时间我跟我妈说，要不把户口迁过来，以后我肯定不想回青海了，也回不去了。我现在所有的圈子、人脉，方方面面都在四川，都在野保这个范围，要是回去再重新开始的话，起点在哪儿呢？我妈就说，她还以为我以后还要回去呢！我听到后，既心酸，又说不上啥来。她倒是把我弟叫回去了。

会把野保工作当终生事业来做吗？会。像我们几个

付明霞（左一）和同事正在野外巡护　大熊猫国家公园荥经县管护总站／供图

人，宋心强也好，我也好，对野保工作是有偏爱的。喜欢一件事，做起来主动性就会更强一些。要是被动，拨一下转一下，做不长久。

我喜欢动物。我在农村长大，从小就在山里跑，特别喜欢养山里的小野兔。长大后的选择跟小时候的经历有关，做研究首先要不怕动物，不怕的情况下才能接触它们，发现它们各种各样有趣的行为。

还记得第一次跟师兄去戈壁，看戈壁盘羊，运气真好。戈壁一望无际，没有多少树和植被，突然一下，盘羊出现，我好激动啊！当时只有一辆摩托，却有四个人，而且只有一个师兄会骑摩托。师兄载我和师姐到一个地方，把我俩放下，我们继续往前走，他又返回去载另一个师兄。我们去的地方，离驻地四十多千米，很接近边境，望过去，离边境的围栏大概有一千米远。盘羊在中蒙边界，夏季来中国，冬季又跑到蒙古国。戈壁上水源很珍贵。大家都揣个瓶儿，野外有水，就灌在瓶子里喝。师兄去过很多次，知道哪儿有水，但就是不告诉我们，每次都是他一人骑着摩托去把水接回来。后来我们才知道，那是动物喝水的地方，家养的羊去喝，野生的羊也去喝，里面全是羊粪蛋。他不敢告诉我们，怕我们不喝。

大熊猫国家公园成立，相当于一个分界点，其实没有国家公园之前，已经有很多人在做这个工作了。只不过，我们恰巧遇到了。从最开始试点，到验收，再到最后大熊猫国家公园正式成立……我算是一个参与者，也是一个见证者。大熊猫国家公园肯定不是一二十年就能建好的，也许我们这批人要干一辈子，才能干得出一些成绩。

龙苍沟秋色　郝立艺 / 供图

我见证了“淘淘”成长为“山大王”

● 口述／谢浩　中国大熊猫保护研究中心工程师

我来自中国大熊猫保护研究中心，大熊猫的野化培训和放归是我工作的一部分。简单地说，就是大熊猫幼崽出生后，就跟随妈妈在大自然中生活，并且尽量降低对人类的认知，在经过两年的训练后，再被放归到大自然。

说起来简单，做起来难。大熊猫的野化放归，可不只是打开笼子那么容易。

野化培训分为两期。第一期：大熊猫幼崽出生后会跟随妈妈在半野化的环境里生活，直到成长到一岁半。第二期：大熊猫妈妈带着幼崽转移到更大范围的野化训练场地生存三个月，这里有水源、竹子，甚至天敌。此后，我们会通过人工干预让大熊猫妈妈离开，留幼崽独自生活。最后，经过专家论证评估后，幼崽才能放归自然。

为了让大熊猫尽量适应野外生存环境，避免幼崽对人类产生依赖心理，减少幼崽与人类的接触是十分重要的。为此，我们在接触大熊猫幼崽时都会穿上涂抹了大熊猫稀释尿液的“熊猫伪装服”。

情感依赖并不仅仅是大熊猫对人类，在进行大熊猫野化培训放归研究过程中，人类也在不断经历情感上的洗礼和认知上的刷新。

让我最难忘的就是大熊猫“淘淘”的野化放归经历。

5 天大的大熊猫宝宝　中国大熊猫保护研究中心 / 供图

. 众人齐心协力将“草草”转移至“五一棚”北岩临时圈舍　中国大熊猫保护研究中心 / 供图

. “草草”进入树林后，中国大熊猫保护研究中心工作人员手持无线电监测“草草”动向　中国大熊猫保护研究中心 / 供图

. “草草”离开“五一棚”北岩临时圈舍　中国大熊猫保护研究中心 / 供图

. 准备送往“五一棚”参加野外引种试验的“草草”　中国大熊猫保护研究中心 / 供图

1	2
3	4

2008年汶川地震后，位于汶川的中国大熊猫保护研究中心核桃坪基地受灾严重，基地整体迁移到雅安碧峰峡。核桃坪基地饲养场日渐荒芜，已经有了原生态的模样，是合格的野化培训场。为了更好地模拟野外环境，我们从山上背了许多枯树下来，劈成木板，拿到野化培训场里伪装成天然树洞，希望妊娠期的大熊猫能够在树洞里搭巢穴，然后产崽。然而，成功受孕的大熊猫“草草”一直没有搭巢穴的行为，就连下雨天也没有踏足树洞一步，没有一丝要“领情”的意思。

2010年8月初，住在野化培训场的“草草”出现强烈的妊娠反应，格外烦躁不安，经验老到的饲养员们知道它快要生产了。

2010年8月3日，“淘淘”在中国大熊猫保护研究中心核桃坪基地诞生，一出生就跟随母亲“草草”一起参与野化训练。

野化训练考验我们的智慧。野化“淘淘”，大家都没什么经验。在“淘淘”满月后的一个夜晚，下着大雨，“草草”抱着它睡在草丛里。几分钟以后，“草草”站起来自己走到草丛深处去了，“淘淘”孤零零地趴在雨里面。这件事让我们所有人都感到意外，当时都不知道它的母亲为什么要离开。没有人知道暴雨会不会给幼崽造成大的麻烦，暴雨会

半野化环境中的“草草”与“淘淘”　赵燕／供图

不会使它体温过低，泥水会不会对它的身体健康有影响。

那是一个艰难的时刻，我们该怎么做？是尊重大熊猫妈妈的选择让幼崽继续待在雨里，还是马上进行干预？理智和情感在激烈交锋。

从理性的角度来讲，应该让大熊猫妈妈自己选择，因为它的母亲才清楚什么时候该给它帮助，什么时候可以让它独自面对野外生存环境。但是我们显然比它的母亲更加焦虑，所有人都打着伞，就站在圈舍外面。现在回想起雨点打在伞面上“啪啪啪”的声音，太揪心了。好在第二天，“淘淘”和“草草”都安然无恙。

栗子坪国家级自然保护区　李健威／供图

野化训练转到山上之后，越来越接近原始森林的生活环境。我们通过野化区域摄像头对“淘淘”的野化情况进行监测。有一天下班，两个正在回家路上的工作人员，突然接到电话，得知“淘淘”从很高的树上掉下来了，不知道有没有摔伤。两个人心都急到了嗓子眼儿，赶忙往回跑。到了之后发现，树上没有，地上也没有，不知道“淘淘”是不是出了问题。大家开始分头找，想看看地上是否有血迹。找到它的时候，它不仅没事儿，还爬到另外一棵树上去了，顽皮地盯着大家。

这些事情让大家都极为震惊，也再次刷新了我们对大熊猫的认知。野化这件事情，就是不断打破自己内心边界的过程。20 世纪 90 年代，刚开始人工饲养大熊猫时，我们对它的认知不多。大熊猫生完孩子后，还要给它熬鸡汤、开电炉、铺草垫、关窗户，就像是照顾一个月子期的产妇。

其实这些都不需要。大熊猫应该回到森林，在野外哪儿有这些？

2012 年 10 月 11 日，两岁多的“淘淘”被放归于四川省雅安市石棉县栗子坪国家级自然保护区。以“淘淘”为先驱，截至 2020 年底，中国大熊猫保护研究中心已经先后放归人工繁育大熊猫 11 只，存活 9 只，存活率超过 81.8%。其中 7 只成功融入有灭绝风险的小相岭山系野生种群，2 只成功融入岷山山系野生种群，实现了圈养大熊猫在自然栖息地生存、繁衍并复壮区域濒危小种群的重要目标。

野化培训基地的生态环境非常好，春天可以看到杜鹃花海，夏天能欣赏日出日落，秋天层林尽染，冬天银装素裹，水鹿、野猪、羚牛等野生动物也频频现身。只有真正沉到野外，才能做好这份工作。

根据全国第四次大熊猫调查报告中的数据，中国野生大熊猫种群数量已经增长至1 800多只，大熊猫受威胁程度等级由濒危降为易危，野生大熊猫憨态可掬的身影频频出现在红外相机和野外监测设备中。作为中国濒危物种保护的旗舰种和伞护种，大熊猫的野化放归对复壮野生小种群，实现野外种群的可持续发展具有重要作用，我和同事们工作的意义就在于此。

大熊猫是野生动物，高山、峡谷、森林才是它们的家。希望我们能用更多的资源，采用更好的技术，对它们进行更为细致的保护和研究。

栗子坪只放了 9 只，

我们评估，至少要放到 30 只

● 杨志松　博士、研究员，四川省大熊猫科学研究院副院长

野外对我来说，没有什么新奇的。我从 1998 年就开始跑野外，跑得太多了，很难有一般人看到珍禽异兽时的那种兴奋感。

在野外遇到的野兽，不管是黑熊还是野猪，遇见我都先被吓跑了。总的来说，野生动物还是怕人，主动攻击人的情况比较少。除非是它觉得避无可避，或者以前被人伤害过，有记忆和报复性。在四川，需要警惕的是羚牛，雅安市天全县的羚牛比较多。羚牛是群居动物，如果你遇到的是一群，放心，它们不会攻击你。如果你遇到的是一头，那就要小心了。群居动物有等级制，羚牛会通过争斗选出“头牛”，打输的我们称为“二雄”或“次雄”，它会被赶出群体，性情比较暴躁，攻击性强。

我本硕都在西华师范大学，学动物学。1998 年读研，

跟随胡锦矗老先生，做他的学生，开始研究大熊猫。博士在兰州大学，研究鸟。2007年回到西华师范大学，继续做大熊猫科研。

2009年，国家在雅安市石棉县栗子坪启动大熊猫放归工程。一开始，我们成立了一支15人的放归监测队，对放归后的大熊猫进行跟踪监测。我是首任队长。

这个项目由当时的四川省林业厅野保站牵头，西华师范大学、中国大熊猫保护研究中心和栗子坪国家级自然保护区等单位一起合作。中国大熊猫保护研究中心主要负责前期野化培训，我们主要负责放归监测。

栗子坪国家级自然保护区　高富华／供图

放归监测是通过收集大熊猫的各种空间数据，第一时间了解它的生存情况。首先是看它活着没有，其次是看它活得好不好，最后要了解它在活得好的情况下和当地大熊猫种群之间的关系。野化放归大熊猫，目的是希望它能够融入当地种群，促进当地种群数量和遗传多样性的提高，这就要看它和当地种群之间发生关系没有、融入没有，换句话说，就是它和当地的野生大熊猫之间有没有发生繁殖行为。

全球第一只易地放归自然的野生大熊猫叫“泸欣”。我们明确地知道，“泸欣”在 2012 年 8 月产下一只雄性幼崽，也就是说，它和当地野生大熊猫很好地融合了。我们通过野外红外相机拍摄到它带崽的影像，同时还对搜集到的野外粪便进行分子遗传分析，两方面都证实了它确实是在野外发生了繁殖行为并且成功产崽。

每只野化放归的大熊猫都会佩戴 GPS 项圈，便于我们实时了解它的情况。但是受电池影响，GPS 项圈的工作时长有限，电池耗完它会自动脱落，以免给大熊猫带来影响。项圈掉了之后怎么监测呢？我们要采取回捕，给它们重新佩戴项圈。不过，要顺利地找到大熊猫，再有效地回捕，这个工作非常难。“泸欣”“淘淘”和“张想”这三只大熊猫，都是通过回捕的方式重新佩戴颈圈的。

回捕“泸欣”，就耗费了两年多时间。首先，在栗子坪国家级自然保护区范围全面搜索，采集新鲜粪便，通过分子测序，看看是不是“泸欣”。一次性判定还不够，因为它不一定正好在那个地方，所以要经常重复采样，通过大量测出的位点数据，大约框定它在某个区域活动，再在这个区域设置数个回捕圈，开始引诱它。每天派人上山去查看回捕圈，一旦大熊猫被关进圈了，要及时发现……就这样，持续工作了两年多，才回捕到“泸欣”。

除了监测，我们也开展一些其他工作，比如对栖息地进行评估，看看在栗子坪这个地方，放多少只大熊猫才合适。

为什么会选择在栗子坪搞大熊猫野化放归？

从大熊猫分布区来看，栗子坪属于小相岭山系。小相岭山系种群是大熊猫所有种群里破碎化、孤立程度最高的，种群数量很少。

小相岭这个地方，108 国道从拖乌山贯通，把大熊猫生存环境隔离成了东西两块。整个小相岭和北边大相岭隔得很远，自成一个孤岛。还有村庄，把栖息地切割成许多小块，导致它内部破碎化程度很高。

要想让这里的小种群和其他大种群连接，不现实。如果没有人为干预，引入新的个体，小相岭这个种群是没法长期存活的。

掩映在群山白云之间的县城和乡镇　卫志均／供图

拯救野生大熊猫小种群，我们称之为“小种群复壮”，一般来说，有两种方式：一种是建立“廊道”，让它和其他大种群之间能够沟通交流；另一种就是通过对圈养大熊猫进行野化放归，给小种群引入新的个体。

我们选择了一些孤立种群或隔离种群，进行评价和排序，再结合种群所在地保护管理部门的执行能力和水平，综合评判后，最终的选择是栗子坪。

2009 年到 2017 年，我一边在西华师范大学任教，一边往石棉跑，估计一大半的时间都在石棉。

大熊猫小种群保护与复壮研究开放实验室团队合照　大熊猫国家公园雅安管理分局／供图

遗憾的是，大熊猫野化放归工作到 2017 年之后就中断了。栗子坪只放了 9 只，而我们评估，至少要放到 30 只，这里的种群才能长期生存。在写一些政策建议和接受媒体采访时，我都在阐述这个观点：野化放归工作应该继续。

我想，肯定会继续的。毕竟，大熊猫国家公园成立了。

四川资源很丰富，建立的各类保护地很多，针对大熊猫的保护区就有 40 多个。但是这些地方的保护能力参差不齐。保护区之间，还存在一些中间的空白地带，没能完全覆盖大熊猫的分布区域，还有很多地方未被保护起来。管理上也存在一些问题，比如，过去不同部门都建了保护区，相互重叠，有的地方既是自然保护区，又是风景名胜区，还是森林公园……存在多头管理和交叉管理的现象。所以，至少从保护上说，大熊猫国家公园的建立，从总体上解决了管理空白、交叉管理和多头管理的问题。

小相岭山系的栗子坪也被划进了大熊猫国家公园，这是考虑到小种群保护的问题。栗子坪的大熊猫野化放归工作，搞了接近十年时间，积累了不少经验，是可以应用开

石棉王岗坪　郝立艺／供图

来的。

全国第五次大熊猫调查就要开始了。这个调查差不多十年搞一次。全国第四次大熊猫调查的结果是，我国野生大熊猫共有 1 864 只，相比第三次调查的结果，增长了 16.8%。2021 年，《中国的生物多样性保护》白皮书发布，大熊猫受威胁程度等级从濒危降到了易危。

大熊猫从濒危降为易危这件事，媒体很关注，网上也在热议。我认为：从总体来看，大熊猫种群数量在增长是好事，反映了国家政策导向，保护成效显著。人退猫进，天然林禁伐，退耕还林……一系列动作，使得森林在变

2013 年 11 月 6 日，大熊猫“张想”放归现场　四川栗子坪国家级自然保护区管理局 / 供图

栗子坪国际生态旅游度假区内的公益海森林公园　四川栗子坪国家级自然保护区管理局 / 供图

好，森林面积在扩大，人为的干扰在减少。但是，树被砍了之后要重新种植，乔木有它的恢复期，“光地”变“森林”这个过程至少要上百年时间才能实现。目前，还存在被隔离的大熊猫小种群，危机仍然存在，比如大相岭和小相岭之间，有城市、村庄和农田，要通过森林把它们连接起来，难度很大。

要想进行小种群拯救，野化放归就显得十分必要。不管是把圈养的个体放进去，还是从大种群里面挑一些放进去，都需要通过人为干预的方式去复壮，小种群才能长期存活。

这个工作，很有必要持续下去。

放归的大熊猫

就像我的孩子一样

● 口述／石旭　栗子坪国家级自然保护区大熊猫监测巡护队队长

一开始，我以为我的工作就是喂养大熊猫、看护大熊猫，至少每天都能看到大熊猫。没想到，我的工作是每天跟深山老林为伴，钻到林子里去找大熊猫。林子一钻，就钻了十年。

我可以说是和“淘淘”一起到这里“工作”的。“淘淘”是全球首只母兽带崽野化放归的大熊猫。它是 2012 年 10 月来的，我是 2012 年 6 月来的。

在做这份工作前，我是一名辅警。以前都不知道石棉有大熊猫，在执行大熊猫“泸欣”护送任务时才知道，原来石棉栗子坪国家级自然保护区还承担着野生大熊猫种群复壮的任务。

我还记得，招考信息上写的是：森林扑火队员。考试分为文化考试和体能考试，体能考试在前，最基本的要求是要在 22 分钟内完成五千米越野。

我们的队伍里，有原来伐木场的工人，有退伍军人，主要工作是监测野化放归后大熊猫的生存状态、生活环境，以及保护野生动植物。同时，我们还承担着防止盗猎盗伐、森林防灭火等工作。

第一次去执行任务，我很激动。栗子坪国家级自然保护区生态环境非常好，想着要在原始森林里露营，我很兴奋。但是一钻进林子里，就发现高估了自己——体力跟不上老队员，山路不熟，走着很吃力。林子里有的地方能见度只有几米，我一个大男人，居然有点儿害怕。如果是自己的原因完不成任务，岂不是很丢人?

比如“淘淘”刚放归的时候，我每隔一个小时就要对项圈信号进行监测。当时感觉任务很重，晚上就住在山上，11 月的气温冷得让人瑟瑟发抖。

“淘淘”虽然是人工繁育的大熊猫，但是它的父亲“芦芦”和母亲“草草”都是野生大熊猫，而且，“淘淘”出生后，我们对它进行了母兽带崽野化培训。所以它是一只有野外生存经验且精力充沛的大熊猫，活动频率很高。

我们 10 多个人分成了 2 ～ 3 个班，白天对大熊猫的 GPS 项圈信号进行监测和数据下载，晚上在海拔 2 500 多

2017 年 12 月 28 日，“淘淘”回捕体检后等待复苏重归山林　中国大熊猫保护研究中心 / 供图

米的监测房里进行数据分析，对下载的数据、采集的新鲜粪便和大熊猫吃过的竹子进行分析，判断它是否健康。

这样的采集持续了几个月。直到“淘淘”有了自己相对固定的活动区域，我们知道它“地皮”踩稳了，已经建立了自己的领地，才开始每天对它进行日常监测。日常监测的目的是跟踪它的位置，分析第二天在哪里能够搜索到它的踪迹，方便采集它的粪便。

红外项圈的电池只够用几个月，之后项圈会自动脱落，这时候就需要对“淘淘”进行回捕。

第一次回捕，我们对“淘淘”的活动区域进行搜寻和判断分析后，选择在海拔 3 200 米的一处地势相对平坦的地方设置回捕笼，并每天查看回捕笼。我们准备了烤好的羊骨头挂在笼子里的触发器上，浓浓的肉香飘荡在山间。

大熊猫是杂食动物，骨头的香味对平常大概率只吃得到“素”的“淘淘”来说，诱惑力太强了。果然，“淘淘”这小子很快就上当了。

记得那一天我们按照日常工作安排对“淘淘”的回捕笼进行检查，在离回捕笼还有 20 米的距离，远远就看见回捕笼的机关已经被触发，笼门已经落下。我们激动地上前查看，确定是一只胖嘟嘟的大熊猫，顾不上爬山的疲惫赶紧向单位汇报。单位立即启动应急预案，专家与兽医检查后确认这只大熊猫正是放归的“淘淘”，而且非常健康。

2017 年，我们还回捕了一次。

除了完成对“淘淘”的监测外，我们还有其他工作。为了做好生物多样性监测，保护区划定了 480 个区域，每一平方千米就是一个区域，每个区域里都安装了一台红外相机。我们每年要对这 480 台红外相机更换一次电池。

我们还有一项重要的工作是捡大熊猫的新鲜粪便，通过粪便的分子检测实验，了解大熊猫种群数量；通过粪便上的肠道微生物，监测大熊猫的健康状况。保护区的物种特别丰富，巡护的时候，我们看到过黑熊，离它只有两三米远，还看到过毛冠鹿、豪猪。在红外相机里看到的就更多了，有林麝、绿尾虹雉、狼、藏狐等。

保护区的面积很广，我在安排工作的时候首先会根据工作内容和工作区域进行计划。如果当天可以返回，一般

栗子坪国家级自然保护区大熊猫监测巡护队　郝立艺 / 供图

是早上7点30分出发，下午6点返回，中午就吃干粮。一年在野外大概待200天。如果工作区域较远，就需要在野外搭帐篷住宿，每年大概有七八十天要搭帐篷。野外生存是我们进队后就需要掌握的基本技能。常年的野外生活，也把很多队员培养成了“土专家”。大家最开始是用油布搭棚子，随着国家对生态保护工作的重视，我们的工作条件也得到了改善，现在给大家配了帐篷。

在野外我们也走散过。原始森林有些地方连对讲机信号也会被屏蔽，沟通基本靠吼。所以这么多年来，我们始终有一个习惯，就是外出时约定一个时间和集合点，所有人都要在约定的时间、地点集合后才一起返回。以前就遇到过让人着急的情况，到了约定的时间，队员却没有准时到，喊也不答应，这个时候就要返回去找。可能是他们走的路线更艰苦，也可能是他们下山时遇到断崖等情况，需要重新找一条路，耽误了返程时间。

你问我，这么苦，有没有想过不干了？

1	2	3

也曾想过。因为我们不是在山上，就是在上山的路上。去深山里开展工作，与家人、朋友失去联系是常态，陪家人和孩子的时间很少。

但是为什么能坚持下来呢？因为热爱，也因为心中的责任感和自豪感。亲自参与了放归大熊猫之后，感觉大熊猫就像是自己的孩子一样。看到它能在你为它守护的这片区域健康成长，繁殖后代，觉得自己还有点儿成就感。我的儿子也觉得我很厉害。我到这儿来工作的时候，儿子才5岁，正在读幼儿园。他告诉同学，爸爸是喂大熊猫的，

1. 通过红外相机采集大熊猫及园区内动物影像　郝立艺 / 供图

2. 雅安市石棉县栗子坪乡公益村，位于高山密林中的大熊猫国家公园管护站　郝立艺 / 供图

3. 正在山林之间巡逻的大熊猫监测巡护队队员　郝立艺 / 供图

同学都很羡慕。家里的父母、爱人也都比较支持。我对我儿子的希望也是一样的，不求成才但求成人，不管他做什么，平凡或者伟大，贫穷或者富裕，他都应该心存善良，心存美好，心存责任与担当。你看，养大熊猫和养儿子不是一个道理吗？

我们的工作不只是一份工作，而是一份守护生态的责任，为我们的子孙后代留住青山绿水，让他们以后也能看到大熊猫。

大熊猫是“四驱”，
人是“两驱”

● 口述 / 王伟　荥经县大相岭自然保护区管护中心监测队队长

来考试的有七八十号人。考试的第一个项目，是三十五千米越野。不管你是用“跑”还是用“走”，反正前十二名才能晋级下一轮。我以前在云南当兵，考试那会儿，刚退伍回来，体力还行。我想想，我是第几名？好像是第六名……

当时我们看到林业局招聘启事，都不知道监测队是干什么的。我想，就是去林间道路上溜达溜达，去山上转悠转悠，应该很轻松。

考试的第二项是在野外度过三天两夜。有两个老队员，白天带着我们翻山蹚河，教我们认识野生动植物、安装红外相机……晚上，教我们生火做饭、搭建临时帐篷……

我猜，考试这么难，其实就是想测试一下我们，看我们能不能吃苦，先给大家一个下马威，以后肯定就轻松

野化监测　中国大熊猫保护研究中心／供图

了。没想到，日常就是这样子，有时强度比考试那会儿还大。

最后是笔试。笔试可不是考理论、考文化，而是考野外实用知识，如地图识别、GPS 使用、动物痕迹识别……考前专门有老师授了课。

这三轮考试，是不是很“铁实”？“铁实”，这是我们荥经的方言，接近扎实、残酷的意思。

监测队成立的目的，是为大熊猫野化放归做准备。一只大熊猫放归野外后，必须得有一支专业的监测队，最起

荥经县丝路砂都自然教育大本营航拍全景　郝立艺／供图

荥经县大相岭巡护站开展野外监测　熊蕊／供图

码要跟踪它三年。大熊猫佩戴有 GPS 项圈，根据传输回来的 GPS 位点，确定位置后再去追踪它。当然，你跑到那个位置后，它不一定在那儿。因为这个位点已经是一个小时或两个小时之前的，也许只能发现一些痕迹，比如它吃过的竹子和拉出来的粪便。

大熊猫是“四驱”，人是“两驱”。它能上去的地方，人不一定上得去，就得绕着上。它遇山爬山，遇水涉水，要跟上它，还是挺困难的。所以，我们监测队从 2018 年组建以来，一直保持着高强度的工作状态。

干这个工作之前，好多植物、动物我都不认识，连小熊猫也不认识。现在我们出野外，会带上相机，看到不认识的花花草草或者什么稀奇东西，就拍下来。我们一个队员发现了独叶草，在这之前荥经范围还没人发现过这种植物，它以前是国家一级重点保护野生植物，现在降成国家二级重点保护野生植物了。此外还有黑熊，其实它怕人，一见到人就先跑了。

我们监测队现在有七个人，都是荥经本地的，经历形形色色，有以前进山打猎的，有在外面打工的，也有一个和我一样，当兵退伍回来的。我们年龄相差不多，大家有缘聚到一起从事野生动植物保护工作，虽然是同事关系，但彼此之间更像朋友、像兄弟。

研究绿尾虹雉是我的事业，
也让我找到了爱情

● 口述 / 陈黎　四川蜂桶寨国家级自然保护区管护中心绿尾虹雉研究中心负责人

绿尾虹雉和大熊猫都是靠脸“吃饭”的。大熊猫萌，绿尾虹雉美。

在所有鸟类里，绿尾虹雉颜值很高，就像青花瓷一样古典，非常符合中国人的审美。在山林中飞翔的时候，它就像一道绚丽的彩虹。

有人称它是“鸟国皇后”，其实长得美的是“男的”。雄鸟的羽毛色彩从古铜到蓝紫、蓝色，再到绿色，在阳光的照耀下，泛着金属的光。雌鸟的羽毛反而色彩暗淡，以深栗色为主，夹杂着白色纹和黄色斑，尾巴也是暗褐色的。

它神秘又低调，是虹雉中体型最大的物种，栖息在海拔 2 700 ～ 4 500 米的区域，特别喜欢陡峭的悬崖、裸岩和灌丛茂盛的地方，所以很少有人能看到它，以至于许多人想揭开它的神秘面纱，一睹它的芳容。

绿尾虹雉分布的区域很有限，集中在中国西南高原寒冷地区。宝兴县局部地区野生绿尾虹雉密度非常高。

四川蜂桶寨国家级自然保护区管护中心拥有全世界唯一的绿尾虹雉人工繁育种群。此前，美国圣地亚哥动物园、北京动物园、北京濒危动物驯养繁殖中心尝试过从宝兴县引种进行人工饲养，但都以失败告终。

因此，许多专家和学者都是从宝兴县开启的研究绿尾

绿尾虹雉　吴秀山 / 供图

虹雉之旅。我也是其中之一。

我是西华师范大学的研究生，本科学生物科学，研究生学生态学（动物方向）。受研究生导师的影响，2016 年我来到宝兴，开始绿尾虹雉的研究之旅，同时收获了我的爱情。2018 年毕业后，我选择留下，把研究绿尾虹雉当成一生的事业。

研究之路漫长，问题总是层出不穷，从救护、驯养到人工繁殖、孵化、育雏、疾病防控，问题总是一个接着一个来，解决一个问题往往要花一年甚至好几年时间。

我们现在的主要目标是扩大绿尾虹雉的人工种群数量。人工繁育绿尾虹雉很有难度，研究者们尝试了 20 年，种群数量仍然没有大幅提高。1993 年正式开始人工饲养，现在中心一共只有 19 只人工繁育的绿尾虹雉，野生数量尚不清楚。

北京师范大学张雁云教授团队人工繁殖的黄腹角雉，已经做到繁育数量可控。换句话说，你想让它繁育多少，它就能繁育多少。如果我们能达到这样的水平，第一阶段的研究就算成功了。

由于地势限制，人工饲养的绿尾虹雉待在面积只有 10 ～ 20 平方米的笼舍里，但是它在野外活动的范围很宽广。它在不同的时期，生活方式不同，野外婚配制度也尚不明确。但是据四川大学冉江洪教授团队在野外的观察，繁殖时绿尾虹雉是一雄一雌，但在育幼时一个家族有多只，可能存在偏雄的合作繁殖，不过还不能盖棺定论，需要进一步观察。简而言之，把不合适的搭配在一起，它们就会打架。

每只绿尾虹雉都有编号，但是为了方便研究和记忆，我们会给它们起一些绰号。比如有一只攻击性比较强的雄性绿尾虹雉，每次投食的时候，它会站出来保护其他的鸟，不让饲养员靠近，我们就叫它“保安”。还有一只雄性绿尾虹雉，头上的羽毛有些卷，明显区别于其他鸟，我们

饲养绿尾虹雉的圈舍　大熊猫国家公园宝兴县蜂桶寨片区 / 供图

就叫它“卷毛”。

绿尾虹雉身上的未知太多了，种群数量、婚配制度、生活习性、食性等，亟待我们研究。比如，它有个俗名叫贝母鸡，但它在野外究竟能吃多少贝母？贝母是否对它有特殊作用？我们都不清楚。甚至，我们也不清楚它的寿命有多长。

我们尝试过观察野外的绿尾虹雉来判断它们的生活习性，但是太难了。一方面，它生活在高海拔地区，人迹罕至，人要到那个区域并且在那里观察比较困难；另一方面，它一般在大雾、阴天出来活动，而且比较机警，飞行速度很快，一旦发现异常，立马飞走，不易被观察。我们先后和四川大学、西华师范大学、成都大熊猫繁育研究基地合作，集多方智慧，特别是把大熊猫人工繁育的成功经验运用到研究绿尾虹雉上，但是成效不显著。兽类和鸟类的研究有壁垒，而且作为“国宝”，大熊猫的保护和研究不可复制。

如果非要划分研究者的话，我算是研究绿尾虹雉的“第二代”。下一步我们将聘请绿尾虹雉保护与研究专家顾问，成立绿尾虹雉保护与研究博士工作室。专家会站在不同的角度，以更宽广的视野和丰富的措施为我们指导研究方向。他们思维更缜密，对国际上的其他雉类研究情况更熟

飞翔于雪山之上的绿尾虹雉　王明华 / 供图

悉，能够分阶段规划绿尾虹雉研究的重点。我们配合做一些基础性工作，去解决一个个具体问题。

之前保护区一共有 5 个研究生，现在只留下我这根“独苗苗”。对于大多数人来说，宝兴太偏远了，而对于我来说，研究绿尾虹雉不仅是我的事业，也带给我爱情。

我的丈夫是蜂桶寨国家级自然保护区大水沟片区的管护员。这座山就是他的家，在山里，他就是我们的向导。我到这边做绿尾虹雉研究时，跟他们一起上山去观察绿尾虹雉的野外情况。整个团队在野外一起生活了 11 天，扎帐篷露营。我们追着日出日落去寻找鸟的踪迹，看同一片星空，翻同一座山，吃同一锅饭。就这样，我和他擦出了爱情的火花。

很多人觉得，我是研究生，我丈夫是初中生，我们之间差距这么大，怎么还能在一起？我丈夫4岁时，他父亲就去世了，他还有一个弟弟，为了照顾家庭，他比同龄人成熟，放牛、干农活都不在话下。

在这个时代，愈发需要让人沉下来的品质。大山教会他淳朴和坚韧，我觉得难能可贵。而且，学历不是问题，三观才是问题，我们都心向美好，在一起有什么问题？

我们这一代人的父母，脚步总是跟随着孩子。我的父母都来到宝兴生活，帮我照顾2岁的孩子。我丈夫平时在

宝兴硗碛原始森林　郝立艺 / 供图

硗碛湖湿地公园的美丽景色　高华康 / 供图

山上巡护，休息时还会回家帮忙务农，很辛苦。

怎么样统筹好保护和发展，一直是大家探讨和摸索的问题。我想，设立大熊猫国家公园也是一种尝试。2022年，我们邀请四川大学的团队做一个课题研究：雪豹和绿尾虹雉的监测调查，希望搞清楚保护区范围内到底有多少只雪豹和绿尾虹雉。2022 年 7 月 21 日，长江白鲟被世界自然保护联盟（IUCN）正式宣布灭绝，我非常痛心，愈发觉得能守护这片青山绿水，能做绿尾虹雉的研究，是非常有意义的事。

如果绿尾虹雉这个物种灭绝了，我的世界可能会被砍掉一半。希望通过我们的研究，把绿尾虹雉的繁殖、生活习性、栖息地情况、食性等都搞清楚，把研究成果运用到其他的鸟类研究上。

大熊猫是兽类的伞护物种，希望绿尾虹雉也能成为鸟类的伞护物种，因为它和大熊猫一样对生物多样性的研究和保护都很有意义。

走了那么久的路，现在应该要停下来思考一下。不管怎样，我想我会一直坚持走下去。

科学的研究，
才能得到科学的决策

● 口述／冉江洪　四川大学生命科学学院教授

做野生动物调查研究要有热情。“6·1”芦山地震时，我就在离震中不远的宝兴，刚从蜂桶寨国家级自然保护区到县城，一下车，脚刚落地，就地震了。

大熊猫野外调查　高富华／供图

长年在山里搞研究，遇到地震算什么。有一次，我在野外做大熊猫调查，搭帐篷夜宿深山，感觉到地震的纵波从我身下走过。

1993 年硕士研究生毕业后，我就开始从事动物调查与保护工作。作为技术负责人，全程参与全国第三次大熊猫调查（以下简称三调）；作为四川省调查队副队长，参与全国第四次大熊猫调查（以下简称四调）；现在即将参加全国第五次大熊猫调查（以下简称五调）。

关于大熊猫国家公园建设，我就所了解的谈一谈。

1872 年，世界首个国家公园诞生于美国。美国、英国、法国、加拿大等国都有国家公园，国情不同，各国的管理模式、经营理念也不相同，但都有一个共同点——国家公园的首要任务是保护生物多样性和自然环境。国家公园模式与自然保护区相比，能更好地保护生态系统的完整性和生态过程，更好地协调保护与发展的关系。美国黄石国家公园就是其中的典范。

2016 年，中国首次开展国家公园体制试点，包括三江源、大熊猫、东北虎豹等国家公园。

国家从战略层面考虑，建设一个覆盖四川、陕西、甘肃三省大熊猫主要活动区域的大熊猫国家公园，保护大熊猫免受濒危的威胁。

尽管各方为大熊猫国家公园建设付出了极大的努力，但机构设置、经费保障、人员整合等问题仍然困扰众人。

从国家角度来讲，应加强保护，为子孙后代留下自然遗产；但从地方来讲，要发展经济，提高居民收入水平。两者如何有效协调，需要更多手段来破局。

大熊猫国家公园地跨多省市，涉及原有数量众多的自然保护区、森林公园、地质公园、风景名胜区，以及林场和森工企业等。现有管理体制，主要依据生态系统类型和建设目标按照行政区划设置，管理机构隶属不同管理部门和不同地区，存在多头管理、管理缺失、管理交叉和权责不清等体制性问题，给有效保护和管理带来诸多困难。

2021 年《国务院关于同意设立大熊猫国家公园的批复》，同意设立大熊猫国家公园。

文件说得很清楚，大熊猫国家公园设立后，相同区域不再保留其他自然保护地。这些区域怎么管理？大熊猫国家公园保护大熊猫的具体措施是什么？老百姓可以进入大熊猫国家公园吗？这些问题亟待解决。

既然缺乏国家法规，四川就得探路。于是，省政府就出台了《四川省大熊猫国家公园管理办法》（以下简称《办法》），规范大熊猫国家公园的管理和在公园里从事的其他活动。

大熊猫国家公园荥经片区监测队员野外巡护　郝立艺／供图

大熊猫国家公园雅安片区冬季巡护　大熊猫国家公园雅安管理分局／供图

大熊猫国家公园四川省管理局广泛征求各方意见，对《办法》与国家政策法律法规的符合性、内容的完备性、可操作性及其社会稳定风险等进行分析和讨论。《办法》涉及的条例和法规，必须要有来源，这是国家的硬性规定。

《办法》解决大熊猫国家公园亟待规范管理的迫切问题，而且明确提出，原住居民是我国国家公园建设中不可忽视的因素，国家公园建设不是把人都迁移出保护区，而是达到人与自然的和谐统一，实现生态保护和经济发展的双赢。

大熊猫国家公园界碑　郝立艺／供图

接下来，参加五调是我的重点工作。一调、二调（全国第一次大熊猫调查、全国第二次大熊猫调查）在众多专家学者的共同努力下，靠一个罗盘和一张地形图，发现大熊猫粪便就画一个圈，算出大熊猫数量。随着技术进步，三调有了比较精准的定位，并通过相关模型计算大熊猫栖息地，但仍用纸张记录，工作繁杂。四调用上了电子表格、平板电脑。科技对大熊猫野外调查的重要性不言而喻。

五调仍然面临几个问题。一是路，随着近年来大力实施退耕还林、植树造林等绿化工程，大熊猫栖息地的道路越来越难寻觅，没有现代化装备很难上山；二是通信，在一些保护站和深山老林中，至今没有良好的通信信号，进山调查人员之间联系困难，甚至可能失踪，面临生命危险；三是人，平常上山的人员越来越少，熟悉当地地形的向导难以寻找。

依托大熊猫国家公园建设，虽然安装了许多红外照相设备，对数据分析有帮助，但不能完全靠它，还是得跟传统的调查方法相结合。要知道，把一个区域里的某个物种数量准确调查清楚，是几乎不可能的事。打个比方，要想知道一个鱼塘里有多少鱼，就得把鱼塘的水放干，挖地三尺，才能数清楚，并且估算数量时还得有前提条件，因为出生和死亡是无法准确调查的。

栗子坪国家级自然保护区　李健威／供图

我们不会去预判五调后大熊猫的数量有多少。多了就多了，少了就少了。如果物种少了，就去分析少了的原因，找科学应对的方法。只有科学的研究，才能得到科学的决策。

我和野生大熊猫有缘

● 口述 / 李贵仁　四川蜂桶寨国家级自然保护区管护中心巡护员

我干了 28 年巡护员，成为所谓的“土专家”，一眼就能分辨出大熊猫是公是母，一看一个准。

我是 1994 年参加工作的，属于编外人员。干这行，主要受父亲的影响。

1954 年，北京动物园在宝兴县挂了一个“宝兴园林局”的牌子，主要任务是捕捉大熊猫、金丝猴等珍稀动物，以满足国内外人士在北京动物园的观赏需求，同时也提供给国内其他动物园。1979 年，四川蜂桶寨国家级自然保护区成立，野生动物狩猎站完成历史使命，北京动物园宝兴园林局撤销。

其间，北京动物园从这里运走大熊猫 70 多只，其中 17 只作为国礼赠送到国外，让大熊猫成为外交舞台上的“和平使者”。

我的父亲在宝兴园林局工作，既是“猎人”，又是“守护者”。那时候，父亲有猎枪，还养了很多只狗。北京动物园有需求的时候，他就带着猎枪和狗，出发捕猎。父亲也照看大熊猫。我四五岁的时候，跟他一起喂过大熊猫，照看大熊猫“巴斯”和“安安”，父亲晚上和它们睡一张床，白天同它们住一间屋。后来，父亲从猎人转成保护人员，开始巡山护林，一干就是 30 多年。父亲还参加过湖北神农架野人科考队。那时，我特别崇拜他，受到很深的影响。

宝兴县域面积不大，但是野生大熊猫的数量全国靠前。在其他地方，看见野生大熊猫挺不容易，而在宝兴县，这不说是家常便饭，但也相对容易。这里的巡护员，基本上都见过野生大熊猫。

发现野生大熊猫有两种可能。一种是大熊猫幼崽在野外被它的母亲遗弃，就需要观察 48 小时或 72 小时，看看它的母亲是否回来找它；另外一种是大熊猫生病，或者下山寻找食物，需要救助。看到野生大熊猫，群众几乎都有“打报告”的意识。

28 年里，我前后参加过两次全国大熊猫调查，还参加过 30 多次野生大熊猫救助，让我印象深刻的是救助“戴丽”和“紫云”。“戴丽”是目前全球唯一一只人工截肢的大熊猫，“紫云”是四川第一次从野外抢救成功的三只脚大熊猫。

李贵仁父亲正在喂养救助的大熊猫　高华康/供图

2001年2月，锅巴岩矿山的山脚，采矿工人一大早就听到山上的树林里有大熊猫在叫，但大家忙着干活，也没在意。到了下午，叫声越来越惨烈，然后一个黑白色的物体突然从几米高的山崖落下来。接到报告电话后，我们判断，这只大熊猫可能受伤了。一般来说，健康的大熊猫不会从山上滚下来。我们判断它不会跑得太远，便马上出发到海拔2 000多米的高山上去寻找。转眼天黑了，伸手不见五指，寻找大熊猫的工作只能暂停，等待天亮再进行。

等待是令人焦急的。第二天一早我们就出发了，当地村民和我们一起，共30多人，进行地毯式搜索……后来终于发现，大熊猫趴在一棵铁杉树中段的枝丫上，一动不动。如同我们判断的一样，它受伤了，伤得很重。它背上堆着厚厚的积雪，流在树上的血已经结成冰，殷红殷红的。

它还活着吗？大家迅速用一张大网将铁杉树的四周罩得严严实实，然后小心地爬上树，把它安全地抱了下来。它的右耳朵被咬掉一块，全身是血，虽然身体僵硬，但还有呼吸。看到它还活着，大家心里的石头落地了，赶快把它送到宝兴县医院。

医院院长亲自为它检查、处理伤口、输液。作为“国宝”，大熊猫在医疗上享受“最高规格的待遇”，全部使用人类用药。

没过两天，它就能吃能走了，但受制于技术和设备，它的腿仍在化脓。大家不敢掉以轻心，赶紧把它送到四川农业大学的兽医院，于是有了那台举世闻名的手术——有史以来人类第一次为大熊猫截肢。“戴丽”恢复得很好，现在在中国大熊猫保护研究中心都江堰基地，已经有了后代。

那时候，还发生了一个“乌龙”事件。“戴丽”很小，只有一岁左右，我们判断大熊猫性别的经验还不够丰富，都以为它是“女孩子”，然而它却是“男孩子”。为了纪念

抢救大熊猫“戴丽” 高富华 / 供图

大熊猫“紫云” 高富华／供图

戴维在宝兴科学发现大熊猫 142 周年，又因为以为它是个漂亮的“小姑娘”，所以保护区工作人员给它取名“戴丽”。

给野生大熊猫取名字很有讲究，有用地方命名的，有用纪念日命名的……有一只大熊猫是在宝兴县灵关镇中坝乡紫云村发现的，所以叫“紫云”。

救助“紫云”也在冬天。根据以往的经验，下雪天往山下走的大熊猫大多是“老弱病残”，试图到人类居住的地方寻找食物。

“紫云”其实经常在紫云村附近觅食。它喜欢吃猪骨头，时不时就要造访村民家，当地村民对它的到来已经习以为常。有一天，它躲进一个废弃的砖瓦窑，一天都没有出来。当地村民意识到情况不对，赶忙联系我们。

考虑到它是野生大熊猫，野性尚存，难以接近，大家商量先将铁笼安放在窑洞口，然后制定两个方案：一是用长竿将绳子伸入洞内，套住大熊猫，把它拉出来；二是将封闭的窑顶挖开，用棒子把它赶出来。

先试方案一。绳套刚伸进去，“紫云”一掌扫过来，竹竿顿时断成两截。反复多次没有成功，只好尝试方案二。由于窑洞已废弃多年，我们担心挖窑洞时引起垮塌压伤“紫云”，只得用手一点一点往外抠土。费尽九牛二虎之力，大家才合力让“紫云”一点点地退到洞口。当发现洞口有一个铁笼正等待着它时，“紫云”咆哮起来……关闭笼子时，“紫云”挥舞着巴掌，一掌就把笼口边的直钢筋打弯了，围观村民吓得四处逃散。

我们看到“紫云”时，也有疑问：它 10 岁左右，正是壮年，毛很顺滑，身上也没有外伤，怎么这么瘦？很快发现，它少了一条腿。

其实大熊猫并不是想象中的那么呆萌和柔弱。可以说，一只成年大熊猫，在野外没有天敌。有专家说大熊猫的年龄和人类的年龄比是 1 : 4，也就是说它 1 岁，就相当于人类的 4 岁；它活 25 年，相当于人类活 100 岁。一只野生大熊猫能活 20 年特别不易。成年大熊猫吃竹子，喜欢剥掉竹青，只吃竹黄。你想，两根手指粗的竹笋，它一口就咬断，多厉害！但它的牙床磨损得也特别厉害，进入中老年期后，牙齿磨损到一定程度，就咬不动竹子了。体内的寄生虫对它们来说，也是很大的危害。

最近几年，我转岗到办公室工作，但时不时要出去跑一跑。不出去的话，心里会慌，脚底板会痒。大熊猫国家公园建设以后，珍稀动物活动的地盘更大了。山更青，水更绿，这样的环境，大熊猫喜欢，人也喜欢。

人生要学会

对自己负责

● 口述 / 苟显熙　四川省夹金山林业局护林员，“林三代”

我是和爸爸种下的树一起长大的。从出生到现在，30年，我几乎没有离开过硗碛这片土地。

我是“林三代”。爷爷那一代，砍树；爸爸那一代，种树；到我这一代，护林。从砍树人到种树人，再到守树人，说的就是我们这一家。

林海山庄是我工作的地方，离我家3千米。爸爸接爷爷班的时候，我四五岁。七八岁的时候，我就跟着爸爸钻林子，有时候会在林子里挖天麻、挖野菜。那时候，种的树苗全靠人背，三四十千克的树苗被扎成一捆一捆的，然后爬三四个小时上山。每人要栽完200株才能下山，经常要在山上过夜。刚开始种树的时候，爸爸手上全是血泡，种树磨的。

我刚上班那会儿，老员工会指着对面那片山自豪地告

神木垒红杉林　郝立艺／供图

诉我："看见没，对面的树都是我们自己种的。"现在树已经长得很高了，一丛一丛，密密麻麻。我跟着它们一起长大，有不一样的情感，守护它们，就像守护着我的朋友。

初中毕业接爸爸班的时候，心里也打过退堂鼓，想着我还这么年轻，就要在山上工作一辈子，心有不甘。但爸爸妈妈希望我离他们近一点儿，家里有什么事儿还能搭把手。

一开始工作，觉得很辛苦，我要像个男孩子一样扛苗、栽树。放假回家，要上工的前一晚，我经常躲进妈妈的被窝里跟她撒娇，但她不会用好听的话哄我，只是告诉我，慢慢就适应了。

2013年发生的一件事，改变了我的心态。当时我一个人住在一楼宿舍，半夜正在熟睡的时候，被门口响起的怪异的动物叫声惊醒。一开始，我以为是公鸡在叫，可越听越觉得不对劲，怎么声音这么凄惨，心想：完了，不会是狼在嚎吧？

我被吓得头发都竖了起来。它就在窗户外面，但我一点儿也不敢去看，生怕它撞破玻璃窗户跳进来。它的叫声并没有停止，像是在哭泣，不知道是丢了孩子还是失去了伴儿。有一瞬间，我竟然莫名地感到难过。

足足嚎叫十几分钟后，它终于离开，余音悲怆。这事留给我奇妙的情愫：每当想起它，我总觉得背后的这座大山虽然沉默、粗犷，却也在不知道的角落里藏着柔情。

我们和它们一样，守望大山，并且依靠大山生活。

巡护是我最重要的工作。每次巡护，差不多需要一天的时间。早上8点30分出发，跟同伴一起走到固定区域，下午四五点才能回到林海山庄。每个人都有固定的管护区域，路线是固定的。管护的区域很宽阔，每天不重复，需要5天时间才能把所有的点位走完。一个月就这样循环，保证所有的点位都走到。生活就像是在“倒带”，每天都在重复昨天的事情。

云雾缭绕的四川大熊猫栖息地　大熊猫国家公园宝兴县蜂桶寨片区 / 供图

巡护的时候，我看到过野生大熊猫。很远就听到簌簌的响动声，知道它是野生动物，我们不敢靠近，会在距离它 10 多米的地方拍视频。巡视路线在青衣江源区域的同事，看到的更多，有时候一个月能看到两次野生大熊猫。金丝猴、小熊猫这些动物，也很常见。

小时候，爸爸给我讲他救助大熊猫的故事，我会兴冲冲地问他："在哪里呢？你为什么不叫我一起去看呢？"现在，我给九岁的儿子讲看到大熊猫的故事时，他也会问我："大熊猫在哪儿呢？能不能带我去找大熊猫的屉屉？"

大熊猫对孩子来说，有天然的吸引力。平常我住在林海山庄，儿子在城里上学，暑假期间他会跟我一起到林海山庄住。我一般早上出发前，会煮好他的午饭，中午他自己热着吃。常年住校的他，已经熟练掌握了基本的生活技能，会自己在家做作业、打乒乓球，学习也全靠他自己，他已经学会了对自己负责。

我偶尔去城里看他，给他买点儿新衣服。有时候看到他衣服小了、裤子短了，甚至裤子烂了一个洞没有人补，也会心疼，但更多的是欣慰。面向未来，孩子首先需要学会对自己负责，才有资格、有能力谈对国家和社会的担当。

云雾缭绕的四川大熊猫栖息地　高富华／供图

我的这一生，都会在大山里，守护这片森林，这是我的责任，也是爷爷和爸爸教会我的道理。希望我的孩子，可以继续把这份责任和担当传承下去。

夹金山国家森林公园　高华康 / 供图

它只要吃，

我就拿

● 口述 / 李廷忠　宝兴县五龙乡东升村村民

村里来了一只大熊猫。它来后，先是爬青冈树，爬屋顶，在院坝里转，慢慢地，就进了猪圈。

院坝旁边，泡桐树下，有一棵青冈树，一人多高。我们在背粪，看到它在树杈上睡觉。白天，我们没有惊吓它。我有两袋猪骨头，搁在砖上，准备卖给收破烂的，让他们收去打饲料。嘿，背完粪回来，我发现袋子没了，猪骨头也没了。我问，谁把我猪骨头卖啦？他们说，没人卖你的猪骨头，你把牛骨头和猪骨头搁一起，大熊猫专挑猪骨头吃，牛骨头气味大，它不吃。

说到它来……还有我那厕所屋顶，没多高，它一步就“飞”上去了，屋顶被踩得稀巴烂，弄得一塌糊涂。

院坝原来还没砌三合土，前头有几棵树，一棵梨树，一棵柏树，一棵杉树。有一天，天黑了，它又来了。我说

大快朵颐的大熊猫　高华康／供图

大熊猫坐在一堆萝卜旁啃骨头　高华康／供图

把厨房门打开，任它去屋里玩。嚯，他们都不肯，叫我把门关上。它就在院坝里转了几圈，像是转给我们看。我把路灯拉亮，看它转。怪不得我认得它。

2007年，它又来了一次，跑到我猪圈里。哈哈哈，我们有个大黑狗，屁颠屁颠跑到茅房。嘿，我说这狗，无缘无故嚎什么？我伸头一找，看见它就在圈里睡。两头猪都卖了，圈空着，两格圈，它睡在右边那格。它还在猪槽里拉了很大一坨屎。

我给县林业局的人打电话，他们晚上十点多到的，我这儿已经围了好多人。有的人说，它把他们的猪崽吃了；有的人说，它把他们的蜂桶按翻了……林业局的人给他们解释，大熊猫不吃猪崽，死的它要吃，活的它不吃。听到有人嚷嚷，它爬起来就走了。

2008年，它还来。

晚上，狗又在嚎。一棵梅子树下，拴着我的狗。它来，狗知道。它从房屋后面来，那儿有条水渠。

我起床时，它在猪圈门口，那里有一堆萝卜。它坐着的模样就像个人。我拿来一大块猪的扇子骨甩给它，然后给县林业局的高华康打电话。高华康说，无论如何你都要把它稳住，别让它走，我来拍照。我说，没问题。

第一根扇子骨吃完，它正在吃第二根，高华康就到

1. 大熊猫要食　郑汝成／供图

2. 大熊猫上灶台　郑汝成／供图

3. 大熊猫睡在猪圈里　高华康／供图

1	2
	3

大熊猫偷喝水　郑汝成／供图

喝牛奶的大熊猫　郑汝成／供图

了。等它把第二根吃完，高华康问，还有骨头没？我说，还有半头猪的排骨、两大块扇子骨。高华康说，要不你再拿点儿给它吃？我说，它只要吃，我就拿。

我把半头猪的排骨拿到院坝，顺着排骨的缝宰成一块一块的。有人说大熊猫不吃肉，不吃才怪！我把骨头递给它，它伸手就接住，拿着就吃。有一坨瘦肉落到它胸口，这么大一坨，我看得清清楚楚。它把骨头吃完，手一揽，又把瘦肉送到嘴里。两个月后，我被评为宝兴县生态建设暨珍稀动植物保护工作先进个人。

嘿，我真是和这只大熊猫有缘分啊！后来，它还来过好几次。它来，我就甩骨头给它。骨头我随时准备着。最近几年，它没再来。高华康说，吃骨头那年，它起码 8 岁。这一晃，都十几年了。这只大熊猫，可能不在了。我心里有点儿难过。它在的时候，隔三岔五就来，它来就热闹点儿。它胆子大，不怕人。有一次，我提着电瓶灯上茅房，看到它一摇一摆地走过来。我说，你在干啥，快去吃骨头。它就像听得懂一样，一摇一摆地又走回去吃骨头，就像家里养的猪和牛，喂乖了一样。

虽说它是畜牲，它只是说不来话，你是经常喂它，还是说它吼它，它都知道。就像走亲戚，觉得你温柔，对它好，它就多耍几天。

大熊猫不稀奇

● 口述 / 徐大香（宝兴县五龙乡东升村村民）、李全能（徐大香丈夫）、李廷平（徐大香儿子）、李琳（徐大香孙女）

徐大香： 冬天，在桥头，在玉米地里，我经常看到它。它不怕人，晚上下山的次数多，没隔一个星期，又来一回。一个多月前，我去玉米地里丢粪，发现它拉了一大

大熊猫悄然进农家　郑汝成 / 供图

堆屎，里面还有很多笋子。我们要弄点儿东西把玉米地围住，虽说拦了也白拦，但不围不行啊，它要闯进玉米地“搞破坏”，你又不敢收拾它，它又不是你自家娃儿。

有一回，我上山种药材，它就在前面走，隔一丈远。我说，你慢慢走，我又不打你。它就乖乖地、慢慢悠悠地走在我前面。

李廷平：我记得我手机上有他们看见大熊猫的照片……我在这里长大，小时候，经常一下雪，大熊猫就急吼吼地跑下山来找吃的。“大熊猫来了，大熊猫来了……”怕它伤人，大家起哄。听到人声，它就到处乱跑。但没有谁去伤害它，就是看稀奇。我记得我手机上有照片。

那时候物资比较匮乏。印象中，我小时候，后面的山光秃秃的，大家把树砍了种玉米。现在，大家好多都进城了，树又长了起来。

徐大香：往年，我们插四季豆，要用竹子，得上山去砍。这些年，种地的人少了，竹子长得很好。少了人的影响，它活得更自由自在，经常到处跑，山上山下都是它的脚印。我在我家门口的竹林里，圈了一个鸡篱笆，才搭两天，它就要到这儿来了，吃喝拉撒，把篱笆都弄变形了。

李廷平：我们都在城里住，两个老人不去。

徐大香：这儿凉快。

李全能： 我们在这儿保护大熊猫，哈哈哈！

徐大香： 之前，山上的房子烧了，孙子们下山读书，我们就一起去了。住不惯城里，天气太热，没山上舒服。吃的都是市场里买的大棚蔬菜，根本没有自己种的吃着顺口。还是山上好。我们又搬回山上，都六年了。

李琳： 这是我第一次看大熊猫的照片。这两个，其中一个是我。看背影，已经分辨不出哪个是我了。当时我读小学一年级，放寒假，上山玩。那天晚上，大概八九点

大熊猫吃排骨　高华康／供图

钟，正准备睡觉。他们说，大熊猫跑进了下面一户人家。我和我妹妹一起去看稀奇。我们慢慢靠近它，还拿骨头给它吃，它不害怕。

徐大香：城里人说，去碧峰峡看大熊猫。我说，没意思，我都亲眼看到过野生大熊猫，还和它一起走过，还有啥看头？我们这里，大熊猫不稀奇。

大家都想念它，

知道有个“巴斯”，出名的“巴斯”

● 口述 / 李兴玉　宝兴县永富乡永和村村民

这么多年过去了，有四五十年了。

我今年七十五岁。那时，我们才二十多岁。

其实怎么也想不到，它的那条命，就这样给捡回来了。

正月，过完年，落起大雪。有两条狗在河对岸。

那年，山上肯定没什么吃的，它下山来。碰到狗一撵，它就只顾着它那条命，一步蹦到河里，朝我们这边游。恰巧，游到大石头的一个缝隙里，被卡住，出不来了。

刚好我就从那儿走过。其实，人人碰到都要救的。不过，它是我的缘分。

那时候，我们知道有大熊猫，可都没见过，不知道长啥模样。我估摸着，那就是大熊猫。我说，去抱它，看它咬不咬人。嘿，过去一抱，它不咬我。

我们出门都带着火柴。随便取点儿树的枝丫，点燃火

成功抢救大熊猫“巴斯”的李兴玉获奖　高富华／供图

柴，烧一堆火，它就蹲在火堆旁，规规矩矩地烤火。我们打发几个小孩跑回生产队通知人，拿些骨头、玉米面来。我们把玉米面调成玉米糊，喂它吃，它就吃了。

那些人没有看到过大熊猫，越围越多。它害怕。靠河，有个没多大的山崖，上面有棵树，它呼的一声就“飞”到树上窝着，还把脸蒙着。哎呀！那害羞的样子。

最后，保护区的人来了，他们让我给它取个名字。它落水的那条沟叫巴斯沟，我说，就叫它“巴斯”。几个小时后，“巴斯”就被带走了。其实我们还不知道它是“男”是

"女"。之后才知道，它是个"姑娘"。

当时是在永富乡，好多年了。它在的时候，都还在乎，有一点儿印象。它不在了，什么都抛到脑后，没有去想它，没记它。

只不过，我救的那只大熊猫，它很争气，后来出名了，大家都想念它，知道宝兴有个"巴斯"，出名的"巴斯"。

福州动物园的一个负责人——陈玉村，他看到过这只大熊猫。他放音乐，它就听音乐。他知道，这只大熊猫以后肯定有出息。是他把它要走的。

"巴斯"与"熊猫爸爸"陈玉村　陈玉村／供图

大熊猫“巴斯”在央视春晚上表演节目，向家乡人民问好　陈玉村／供图

它出名后，别人才想知道，它是从哪里来的，在哪里出生，哪个救的它。陈玉村坐飞机来，到处问，把我找到。他说，“巴斯”都出名了，在美国，来看它演出的那些人，排队站几个钟头，为了看五分钟……我一想：哎，没白救它，哈哈哈，人家那么有出息，给我们国家争光哦！

感谢陈玉村邀请我去福州，去了三次都把路费、食宿费给我包了。我感谢我救起来的“巴斯”，让我沾了它的光。

第一次去，我一叫它，它好像能辨认声音一样，张起耳朵听。我对它说：“巴斯，妈妈来看你了。”他们喊我“巴斯妈妈”。他们还说，我有四个娃，“巴斯”是第五个。老五，哈哈哈！他们不许我去抱它，只能隔着围栏喊。我也不敢去抱，它长那么大了，要抓人。

我也看过其他大熊猫，雅安碧峰峡去了几次，好像都没“巴斯”光滑。我救的那只——“光生生”的、“肉墩墩”的。

它已经过世了，日子一年一年地远了。我家里关于它的书、照片很多，还有我和它的合影。

我这辈子还是值得，比上不足，比下有余。我一想到它就开心。救一个“巴斯”起来，它还那么争气。

大熊猫下山吃饭，
我们吃“熊猫饭”

● 口述 / 杨良春　宝兴县蜂桶寨乡邓池沟新村农家乐老板

农家乐是在 2015 年的九九重阳节开张的。没有专门选日子，那天乡亲邻里在我们家坐着闲聊。在中国人的乐观豁达里，有一种万事顺其自然就好的朴素观念。大家给了一个意见：择日不如撞日。没想到，大家一鼓动，我妈就行动，立马给我打电话，决定当天就开张。房子刚装修好不久，关于开农家乐，什么也没商量，也没有置办过什么。我心急火燎地在县城买了几张大圆桌和一些凳子，找人给她拉到邓池沟。生意，就这么做了起来。

我们也没想到，农家乐的生意能越做越大。“熊猫新村”是一个被划在大熊猫国家公园内的村子。我们是最后一户搬进新村的，和另外几十户人家一样，我们的老家在几百米外的高处。

我们早就想搬家。孩子们在上学，我平常在宝兴县

宝兴县邓池沟新村　郝立艺／供图

城，弟弟在兰州当兵，想着爸妈年龄大了，在山上住着不方便，应该搬到山下。房子都选好了，在灵关镇挨着现在351国道的一个地方。本来约好2013年4月20日去议价，谁知道，就在那天，芦山发生7.0级地震。买房这件事，就放着了。

“熊猫新村”是“4·20”芦山强烈地震灾后恢复重建的集中安置点，选址邓池沟。我们对灾后重建还有补贴很满意。新村聚居点里，有乡亲邻里帮衬，就算妈妈一个人住在这里，我们也不用担心。

搬进新村总要找点儿事情做。爸爸左手行动不便，而且年纪大了，外出务工越来越不方便。妈妈能干，做饭好吃。新村环境特别好，房前屋后都是青幽幽的大山，开个农家乐应该不错。

房子占地120平方米，一共三层。装修的时候，妈妈说辛苦一辈子，好不容易有了这么一栋房子，坚决不给外面的人住。没想到，因为生意越做越好，后来家具全部换了一遍。我的大床也被丢出家门，家里再也没有我们的房间，全部被改成客房。

每年还没到夏天，生意就早早上门，预订电话一个接一个来。有一年夏天，有对老夫妻在这里避暑，客人来的时候好瘦好瘦，走的时候长出了“双下巴”，老奶奶还劝老爷爷少吃点儿。这里的水土养人，山是绿的，水是甜的，蔬菜是自家种的。我们回去住一段时间都要长胖。夏天非常凉快，不用扇风扇，下半夜还要盖被子，不然会冷。

之前，中国扶贫基金会（现更名为：中国乡村发展基金会）在村里做了一个项目，村里14户有意愿的人参与。项目大体是将村民三层房屋中的第二层拿出来，改造成民宿。我们家虽然没有参与民宿改造项目，但却因此接待了不少游客。民宿不包饭，游客就要找地方吃饭，我们家就成了食堂。每逢节假日、黄金周，简直忙不过来，两个大

宝兴县蜂桶寨　郝立艺／供图

冰柜装满野菜，全家老小一起干，从早忙到晚，累到脚都拖不动。

在距离“熊猫新村”20分钟车程外，有一个熊猫乐园，那里住着“川星”和“梦希”两只大熊猫；3千米外，还有邓池沟天主教堂。我外婆家就在教堂附近，小时候我们经常在那里玩。那时，不知道教堂是一个什么地方，只觉得它很神秘。教堂门口立着一个汉白玉的戴维神甫雕像，雕像下面写了字。我们不知道他是谁，只知道他是外国来的。后来，不光看到大熊猫，听到的大熊猫故事也越来越多，我也就知道了，戴维在邓池沟首次科学发现大熊猫，把它介绍给了全世界。

大熊猫对于我们来说，并没有很特别。在村里，大熊猫更像是邻居。还住在老屋时，每逢冬天山上下雪，几乎都能看到下山觅食的大熊猫。烤火的同时，家家户户也会“借火烧肉”，有时，村民家里还会熏腊肉，这些香味经常会把大熊猫引来。有的大熊猫甚至会在村民房屋周边闲逛，尝试寻找一些食物。曾经，大熊猫下山吃村民家里的“饭”。现在，我们靠发展乡村旅游，吃上了“熊猫饭”。

邓池沟的大熊猫　郝立艺／供图

宝兴县硗碛风光　郝立艺 / 供图

我们一家人对未来充满了希望。邓池沟打造了大熊猫国际溯源营地，吸引来不少游客。我们赶紧在后院加盖彩钢棚，赶在“五一”小长假前把它搭建好。这碗“熊猫饭”，我相信会越吃越香。

能赔一点儿是一点儿，
有总比没有强

● 口述 / 舒开俊　宝兴县穆坪镇雪山村村民

以前看到麂子，大家可能把它打来吃了；现在看到麂子，大家都觉得稀奇，赶快拿出手机拍视频。

我 59 岁，在这里住了 59 年。房子重新修过，但房屋坐落、朝向没变过。

喏……门口堆的烧锅柴，都是从河里捡的。宝兴早晚温差大，以前一到晚上，家家户户都要烧着炉火取暖。下半山的树都被砍了，山体裸露出来，动物住在上半山的森林里，跟我们保持着距离。退耕还林之后，再没有人砍树，下半山的树越长越茂密，已经长到我家后院。

动物也下山了，麂子、獐子经常逛到我们村。我二叔曾经在家里关过豹子。关了两天，就把它放了。我们都劝他，关在家里做什么，吃了它你也变不了样子。

其实，从捕猎到保护，经历了一个过程。政府一再宣传，我们老百姓的思想认识也一再转变，后来，再也没有人去打猎。

现在，不管是猴子还是其他野生动物，都不怕人。獐子、麂子经常站在我家门口外面，知道我们不会伤害它们。特别是猴子，十个八个地跑下来，一串串地在一起。你朝它们吼，它们还会朝着你点头，感觉在跟你交流。

猴子“造访”我们家也不是第一次。2021 年，我们

在树上玩耍的川金丝猴　大熊猫国家公园宝兴县蜂桶寨片区／供图

山坡上的藏酋猴　大熊猫国家公园宝兴县蜂桶寨片区／供图

家种了点儿玉米，玉米快成熟的时候，它就来了。猴子只吃“芯芯”，包菜、白菜的菜心，有时也会去掏土豆、摘玉米、挖红薯。它们也没吃多少，但庄稼被捣蛋的它们踩得稀巴烂。后来，我在自家后院喂的鸡和鸭也被它们吃了几只。

那是一个早上，我听到鸡叫唤，赶快跑去一看，10多只猴子正在作案，大快朵颐，只剩下鸡毛。我赶它们，它们才窸窸窣窣地跑了。

川金丝猴　薛康 / 供图

还好政府给全县人民统一购买了动物致害保险。野生动物吃了庄稼，我们可以给保险公司打电话请求理赔。保险公司赔偿要讲证据，被咬死但还没被叼走的鸡、鸭，就赔偿；如果被吃得毛都不剩，那也只能自认倒霉；加上被踩烂的庄稼，保险公司最后赔了我四五百块钱。不论多少，有总比没有强。

你说它破坏我的庄稼还吃我养的鸡，我讨不讨厌它？那当然讨厌。但是，你怎么去打它？你拿它没办法。

不过，这里是我们共同的家园。野生动物多，证明生态环境越来越好。这里空气好、水也甜，我可要一直住下去。

不要轻易破坏生态环境，否则后果很严重

● 口述 / 季强　宝兴县法院综合审判庭庭长

简单地说，法律就是国家制定的一个大的规则。开展一项活动时，首先要制定规则，所有的事情都应当在规则中运转，不然就会乱。

大熊猫国家公园建设也不例外。

以宝兴县为例。宝兴县域分为西河、东河和灵关三大片区，地理结构呈“Y”形，人口大多分布在河谷。为守护国宝大熊猫，宝兴县委政法委员会提出“一区三中心”建设。

三大片区均有一个法务中心，宝兴县政法系统把三个中心作为共同的法治平台。公安机关负责侦查，检察院负责起诉，司法局承担部分法律宣传职责，法院主要从事环境资源案件审判。大家各司其职，相互协作，为建设大熊猫国家公园提供更优质的司法服务和更有力的司法保障。

大熊猫国家公园正式设立前，我们通过巡回审判让环境资源审判成为常态。2019年成立的大熊猫国家公园（蜂桶寨保护区）司法保护实践基地，是最高人民法院在雅安设立的环境资源司法实践基地。

大熊猫国家公园部分环资案件集中管辖后，我们协助成都铁路运输第二法院在蜂桶寨保护区大水沟站点挂牌成立生态法庭，和我院环境资源审判庭合署办公办案，并通过审理案件、开展法治教育活动，让当地群众了解哪些野生动植物受保护，哪些不能猎杀、采伐或者毁坏。

2018年底，我们巡回审理了一起非法狩猎案件。有两人在宝兴林区猎捕野生动物。他们带上电瓶，在树林里拉铁丝网，野生动物触网就会被电死。猎杀的动物中，有一只“野鸡”和一只“麂子”。经鉴定，被猎杀的“野鸡”是国家二级重点保护野生动物红腹角雉，“麂子”是四川省重点保护野生动物毛冠鹿。

案件在宝兴县生态环境保护法治保障中心、大熊猫国家公园建设法治服务中心蜂桶寨工作站公开开庭，并当庭宣判；现场邀请县人大代表、县政协委员、乡镇干部和当地群众代表近100人旁听。

很多当地人可能并不知道“野鸡”和“麂子”是保护动物。他们可能因为法律知识的缺失，不知不觉就触犯法律。当庭宣判就是想起警示教育作用。

2022 年 4 月，灵关镇内发生一起“电鱼”案。这是大熊猫国家公园部分环境资源案件集中管辖后，在雅安片区审理的第一起“电鱼”案。

作案的一共三人，他们非法捕鱼。他们觉得自己只是捕获了几条“麻鱼”，却不知自己在禁渔区、禁渔期内使用禁用工具、禁用方法捕捞水产品的行为，已经构成非法捕捞水产品罪。他们不仅被没收非法捕捞所涉犯罪工具、被罚款，还购买经渔政部门许可的价值 1 万元左右的齐口裂腹鱼鱼苗，现场放流。事情是在灵关镇发生的，所以巡回法庭选择在那儿开庭。就近在案发地点开庭，更有警示教育意义。

还有一起在 2022 年影响力较大的案件。它是一起盗伐林木案，是四川省首例引入“碳汇”理念开展修复的司法案件。

2021 年 1 月 1 日开始实施的《中华人民共和国民法典》（以下简称《民法典》）第 1235 条规定，违反国家规定造成生态环境损害的，国家规定的机关或者法律规定的组织有权请求侵权人赔偿下列损失和费用：（一）生态环境受到损害至修复完成期间服务功能丧失导致的损失；（二）生态环境功能永久性损害造成的损失；（三）生态环境损害调

宝兴县法院环境资源审判庭开庭审理全省首例碳汇修复性司法案
季强／供图

查、鉴定评估等费用;（四）清除污染、修复生态环境费用;（五）防止损害的发生和扩大所支出的合理费用。

这条规定就适用于这个案件。

6个被告人得知枫树、槭树可以卖给琴厂做琴，价格不错，就在宝兴县和天全县盗伐3棵枫树和4棵槭树。检测报告显示，这7棵树都属于高大乔木，最高的近30米。一棵幼树成长为高大乔木要许多年，幼龄林的固碳能力远没有中龄林固碳能力强，所以需要叠加碳储存量。6个被告人自愿购买一定量的碳汇，对破坏的生态进行修复，弥补了补栽补种不能第一时间全方位修复生态的缺失。

当时《民法典》第1235条在全省还没有真正适用过，这个案件让它落地了。我们也给全省其他法院提供了一个样本和参考，可以运用碳汇修复方式来处理环境资源类案件。

原来没有《民法典》第1235条中的第一款作为依据时，我们还不敢轻易尝试用碳汇的方式来修复生态，只能根据有资质专业机构出具的报告进行补栽补种。报告对树的直径、高度、存活率会提出详细要求。如果买不到一样的树种，就买同类型的；如果买的树种水土不服，没活下来，得重新补种。

“全省首例”只是一个“旗号”，更多是想通过这个案例传递给群众一个信号：不要轻易破坏生态环境，否则后果很严重。砍了树，不仅要承担刑事责任，要赔偿树的价值损失，要补栽补种，还要承担碳汇补偿。

在宝兴法院工作的12年里，尤其是经过前期法律法规宣传和对违法行为的打击后，群众保护生态环境的意识明显提高，特别是2018年以后，环境资源类刑事案件大幅减少。

我们始终坚持常态化开展生态保护方面的法治宣传，而巡回审判是影响力较大的宣传方式，能以活生生的实例给广大群众最直观的警示。

生态环保法律宣传　季强 / 供图

宝兴县是山区，没有多少种植养殖业，很多老百姓生活靠林业，要不就出去打工。如果光靠务农，他们可能连一年的生活都保证不了。最近省政府印发了《四川省大熊猫国家公园管理办法》（以下简称《办法》），让大熊猫国家公园四川片区的建设管理实现有规可循。《办法》说得很细，说到"在保护中发展，在发展中保护"的问题，也说到"建立流域横向生态补偿机制，推进碳汇交易"。也就是说，以后宝兴县的林农不仅可以依法依规卖林木，还可以进行碳汇交易。最近《国家公园法》也在征求意见，这将为我们下一步的工作开展提供方向。

要探索的还有很多，我们正在路上。

法大于天

● 口述／冯志远　天全县公安局喇叭河派出所副所长，天全县公安局森林警察大队原民警

金丝猴，按大小算钱。

正常大小的成年金丝猴，贩子从猎人手里收购，一只大概 1 万元；再卖给私人动物园，一只能卖 7 万元到 7.5 万元；进入私人动物园，像洗黑钱一样，金丝猴在那里被“洗白”，很容易卖到别的动物园。到案件侦办后期，价格从 50 万元一只炒到 80 万元一只。

你算算，在黑市几经转手，价格涨了多少倍？

小熊猫比金丝猴便宜。

流程一样。猎人—贩子，从早期 1 500 元一只炒到后来 6 000 元一只；贩子—私人动物园，从 2.4 万元一只炒到 30 多万元一只。

有时候，动物园之间也以物易物。我给你一只小熊猫，你给我几匹斑马或者其他动物。

“你们搞的是什么动物？”我们问李某华。

“小熊猫。”李某华说。

“还搞过别的动物没有？”

“没有。”

……

我大学专业是森林资源保护，压根儿就没想过当森林公安。

大四毕业那年，一脸迷茫。县里招森林公安，母亲让我去考。其实，她不是一心想让我当森林公安，她就是想我进公务员系统，有份稳定工作。我说，算了，森林公安听都没听过。我心想，年轻人，还是要去大城市闯闯。她让我姐悄悄帮我报了名。

怎么办？报都报了，还是去考一下，让母亲宽心。结果，运气好，考上了。

我也压根儿没想过，工作没几年，就遇上李某华这件案子。公安部督办、嘉奖，还被写入公安部年鉴……

很多人当一辈子公安，也没遇到过一次。

一开始，支队战友在办理其他案件时发现处处都有李某华的影子，但是一直没有人赃并获，获取到关键证据。后来，我们注意到李某华长期形迹可疑，经常两个车，一前一后，大半夜，从天全过境，往返于泸定、平武两地。

1
2
3

1. 小熊猫　高华康 / 供图
2. 红外相机拍摄到的野外大熊猫　大熊猫国家公园四川省雅安市天全县管护总站喇叭河自然保护区管护中心 / 供图
3. 白腹锦鸡　高华康 / 供图

都是当天下午去，深夜返回，很反常，加上他本人也曾因买卖野生动物被判过两次刑。

2020 年 12 月 3 日，我们得到准确信息，他们当天要在泸定交易野生动物。我这一组负责跟踪，悄悄地跟着他们，等交易完，又跟着他们从泸定上了高速公路。

在高速公路出站口和服务区的抓捕行动几乎同时进行。

好家伙，拉了三只小熊猫，活的。

二郎山喇叭河片区　郝立艺 / 供图

“给谁买的？卖哪儿去？”

李某华老谋深算，有多次和公安机关打交道的反侦查经验，对此几乎零口供。但他儿子李某秋稍显生涩，抵不住连夜审讯和做思想工作，最终交代“货”要往绵阳拉。

我们马上派另一组人，去绵阳查窝点。

表面上看，那是一个普普通通的养殖场，就在路边，有果园，养着鸡、鸭，有猪圈。可没见过猪圈大门上三把

白雪覆盖的喇叭河景区　王亚西／供图

锁的，还带摄像头。据去的同事讲，他们在最里面发现猪圈被改装成一格一格的小圈舍。小圈舍里竟然关着 4 只金丝猴。

“4 只金丝猴，活的。还有 1 只，运到绵阳后，拉肚子，死了，被埋在果园里，正在挖。”绵阳小组的同事把情况告诉了正在审讯李某华的我们。

川金丝猴　高华康／供图

“你说没搞过别的动物，金丝猴哪儿来的？”

李某秋最先开口，说是“平武一个姓马的……”

李某华仍旧负隅顽抗，连续多次讯问也只是交代了金丝猴是从平武买的。

我们把线索反馈给绵阳小组，他们立即奔往平武，把姓马的抓了，在姓马的家里发现许多作案工具：猎枪、子弹、火筒、望远镜、刀、对讲机……

接下来，就是继续深挖李某华的通话记录、行车轨迹和银行流水。

李某华在 2020 年多次去了安徽铜陵。他一开始交代，是去铜陵一家私人动物园卖小熊猫。我们跑去铜陵查，结果连小熊猫的毛都没看到一根，全是金丝猴！

金丝猴是国家一级保护动物，小熊猫是国家二级保护动物。贩卖金丝猴，判得更重。李某华心里发怵，总拿小熊猫当挡箭牌。

实际上，李某华先后去铜陵卖了 12 只金丝猴，还附带送了一只小的。在铜陵，我们把该抓的人抓了，把 13 只金丝猴拉回来，寄养在雅安碧峰峡动物园。前段时间，我才去碧峰峡看过它们。

这案子，该判的都判了：李某华被判十四年多。其他人，分别被判十年多、七八年、三四年……

李某华刚进去，一批抓猕猴的猎人急了。他们原本想把猕猴卖给李某华，现在只好重新找买家。

这就牵出2021年的“11·8”案。

猎人从甘孜来，猕猴从丹巴、康定抓，卖往宜宾一家公司，这家公司拿猕猴做药物实验。不管有没有动物实验许可证，只要买卖野生动物，就是违法犯罪。

办案的时候，这家企业的负责人对办案人员说：“我给你们一百万元，办个取保候审，行不？”

取保候审？！

我们回答他：“除非你去找全国人大，把法律修改了！”

这两个案子都是公安部督办，第一个还得到公安部嘉奖。能办好这样的案子，我们感到自豪！

我现在已经调到喇叭河派出所，不再是森林公安，而是一名派出所民警。我们辖区，很大一部分都属于大熊猫国家公园。走出办公室，深吸一口气，都是森林的味道。

我喜欢森林。

记得考上森林公安后，上班的第一个冬天，我们和喇叭河管护站的人一起去远山巡护。每人背几十斤重的东西，有食物、帐篷、垫子……我们还背着枪。早上出发，一直走，直到太阳快落山。我们看到一个棚子，就像一处遗迹，那是以前巡护员落脚的地方。我们就在“遗迹”上

喇叭河景区内的野生动物　郝立艺／供图

面，重新铺垫子、搭帐篷。四周都是雪，白茫茫一片。我们在这个营地住了半个月。早上，我们分组去清理林区的猎夹猎套，更换红外相机的电池和内存卡；晚上，大家就坐在一起摆龙门阵，讲以前的故事。

如果没有参加过巡山，是体会不到那种感觉的。过程虽然辛苦，十多天时间，在雪地上吃、住、吹牛，但那么多人一起在野外生活，亲近自然，真舒服。

有一次在白沙河，刚拐弯就看到高高的岩腔上，立着一只英俊的鹿——这景致像极了一幅美丽的画……

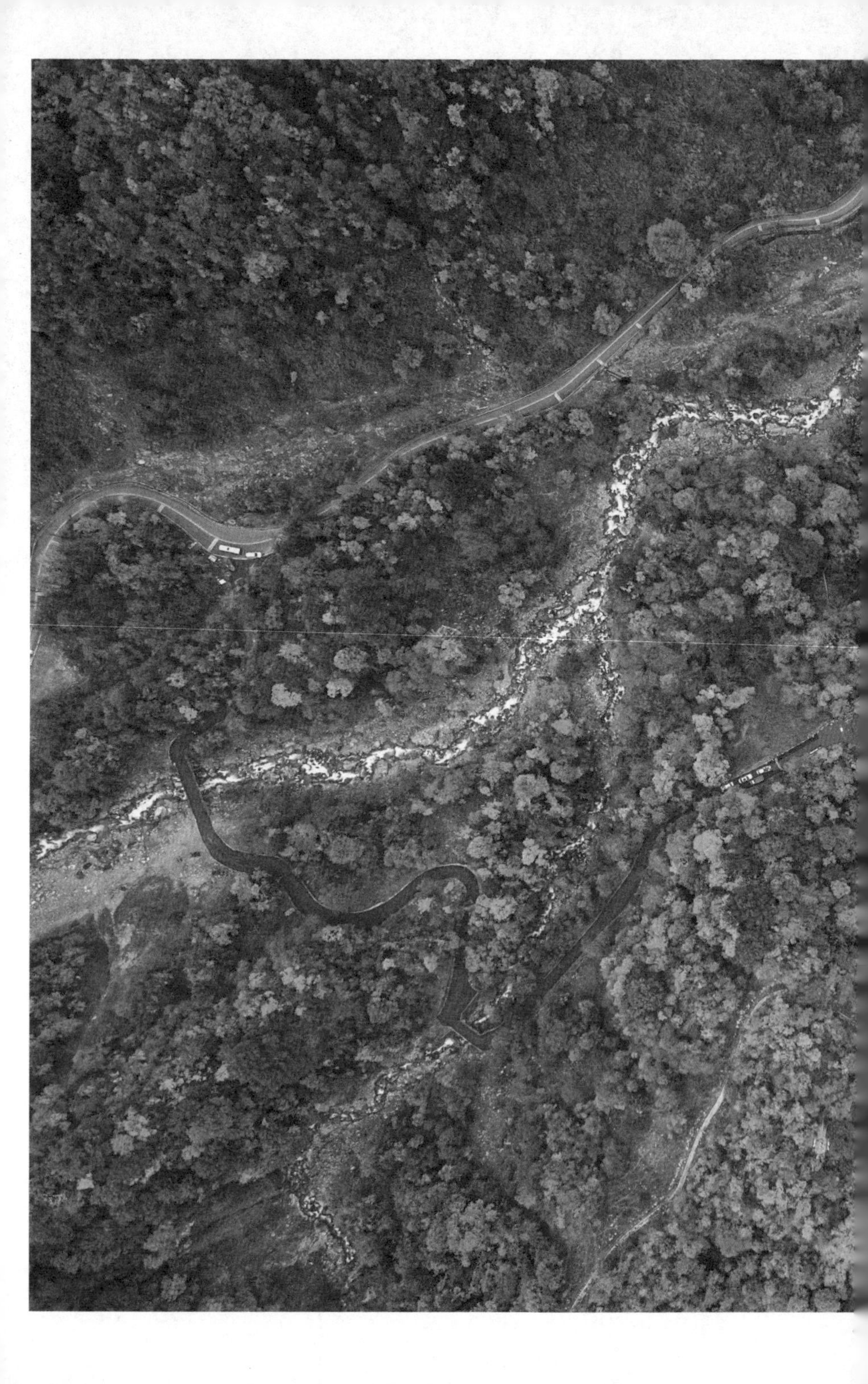

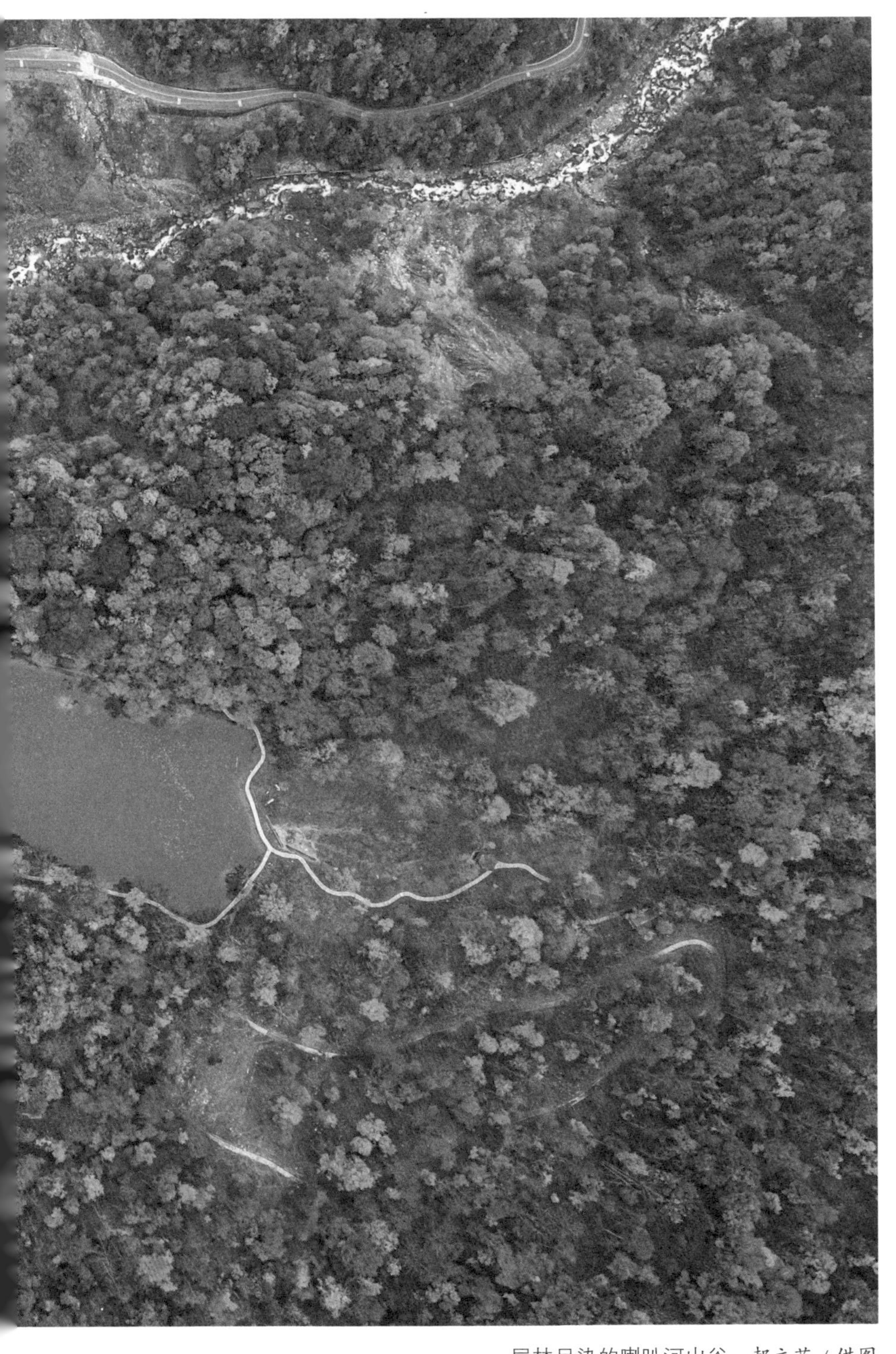

层林尽染的喇叭河山谷　郝立艺 / 供图

当地人管当地人，才能管住人

● 口述 / 苟必伦　宝兴县穆坪镇雪山村小渔组组长，天保护林员

老祖宗说，土地里种下的，最后都会变成金子——这话是真的。

土地馈赠给我们食物，让生命得以延续。认真管护好这片土地，就是对土地最虔诚的尊重。20多年前退耕还林，我们交出土地。现在，土地又结出了“金子”。

我是穆坪镇人。我们村以前叫新光村，现在叫雪山村。1999年11月，宝兴县启动退耕还林试点工程。2001年，我成为天保护林员。

刚开始接手这项工作的时候，我一窍不通，也不知道护林员到底要干个啥。领导说，我以前开货车，走南闯北也算见过世面，有干这份工作的基础，让我摸索着干。这一干，就是20多年。

红外相机拍摄到的大熊猫母兽带崽　大熊猫国家公园宝兴县蜂桶寨片区／供图

野生大熊猫　大熊猫国家公园宝兴县蜂桶寨片区／供图

小渔组一共有30来户，我是组长。退耕还林刚开始时，村民的觉悟不太高，总觉得没有了土地又不允许砍树，生活没有保障。

村民最在意的，还是自己的“包包”鼓不鼓。去做政策解释工作的时候，我也说不出什么高深的道理，只能说退耕还林是响应国家号召，村民还能得实惠。

退耕还林的补贴分成几期发放。补助标准是每亩林地每年补贴几百块钱，后来还有粮食补贴。从2001年开始，村民退出的耕地大多种了杉树、黄柏和厚朴，它们都是经济作物。土地不会骗人，那个时候种下的经济作物，现在都赚钱了。黄柏价好，种得多的，每户可以收入20万元。

我被聘用了三次，前两次是天保护林员，归乡镇管；这次和大熊猫国家公园联系起来，归林业局管。现在的工作是对管辖区域进行巡护，进行政策宣传，禁止乱砍滥伐和狩猎野生动物。砍伐人工林需要先到林业部门办证，没有办证就是乱砍滥伐。

大熊猫国家公园区域范围划定后，我管护的区域里关停了两个电站。大家都知道，红线就是高压线，坚决不能碰。

现在老百姓保护生态环境的意识非常强。以前大家要捕猎野生动物，打来吃的不少。宝兴的野牛最出名，羚羊

雪山村　郝立艺/供图

最适合吃。以前餐馆里都有，多得很。

当时猎人的双管猎枪，比步枪还“凶”。

天保护林员去收枪，那就是“狗咬烂羊皮，扯也扯不清”。一开始通知大家自愿上缴，但有人就偏不缴。明明都知道他藏了枪，但是他偏说自己没有。还是得靠法律，不缴可以，但是如果查到私藏枪支，就判刑。

现在拥有猎枪的，只有林业局的猎捕队。伤害农作物的野猪、黑熊是可以捕猎的，但指标控制得非常严格，我们

晨曦中的宝兴县雪山村　韩毅／供图

如果发现了就打报告。什么时候能打，什么时候不能打，那是有讲究的。保护生态平衡得讲科学，得按法律和政策规定办。

我们管理的范围也增加了。我是当地管护员，管辖区域大概是 6 万亩。巡山已经成为一种习惯，天天让我闲着，我还不舒服。胶鞋、雨鞋、巡护服、帽子等，林业局为我们准备了一套。每月巡护要达到 22 天，每天要在数字熊猫 APP 上打卡，数据会直接传回局里。每天的活动轨迹如果不到 3 千米，肯定没有完成当天的任务。

与其说我们是在保护公园，不如说我们是在约束人的行为。在宣传法律法规时，有时候还得夸张一些，目的就是把一些“犟拐拐”吓住。遇到不讲道理的，派出所跟我们配合得也很好。只要把人管住了，其他问题就迎刃而解了。

再过几年我就退休了。我们就是乡下人，没有文化，但我们就是土生土长的当地人，乡亲邻里，大家知根知底。谁家有几口人，谁家有几个男孩女孩，谁家与谁家是世交，谁家与谁家有恩怨，谁家的媳妇是隔壁哪个村的，谁家的孩子又进城在做什么工作，谁家的亲家在哪里搞装修……你知我知，没有人藏着掖着。因为这样的坦诚，有很多事儿你来我往就解决了。当地人管当地人，才能管住人。

我们就是“公园人”

● 口述／杨晓林　荥经县龙苍沟镇万年村党总支书记

“啥子呢？万年村被划入大熊猫国家公园建设范围？太好了！”这是我知道这个消息的第一反应。

2017 年底，万年村实现脱贫摘帽。就在同一年，四川省正式启动大熊猫国家公园试点建设，万年村距离核心保护区只有 20 多千米。你问我会不会担心万年村被划入大熊猫国家公园会影响村里的发展，我一点儿都不担心，反而很高兴。我意识到，建设大熊猫国家公园，可能成为万年村发展最大的机会。

果然，随着大熊猫国家公园建设的推进，万年村有了一个全新的定位：大熊猫国家公园南入口社区门户第一村。

我 41 岁，是土生土长的万年村人。在我的印象中，万年村是一个“中不溜”的地方。

龙苍沟镇由原石滓乡与凰仪乡杨湾、鱼泉、岗上 3 个行政村合并而来，这里的石滓、鱼泉两大产煤区也被整合起来。

荥经县云峰寺楠木群落　郝立艺／供图

荥经县牛背山日出　郝立艺／供图

龙苍沟童话森林　郝立艺／供图

大山养活了不少人。数年前，沿着龙苍沟，从山脚到山顶，煤矿很多，出产的煤畅销成都及其周边。这里的村民，要么在煤矿工作，要么就是“跑山人”。

在我印象中，皮卡车碾过去，都是带黑水的煤渣路；煤矸石倾倒在山涧，河水变成黑色，幸好这样的破坏持续得并不久。随着天然林保护工程的持续实施，全面禁止了天然林的商业采伐。转型发展，开始于许多年前。

万年村在山底，发展村在山腰。因为距离龙苍沟景区更近，乘着景区打造的东风，发展村许多村民成为“第一个吃螃蟹”的人，靠开农家乐和民宿鼓起了腰包。发展村也成为远近闻名的“熊猫民宿村”，被评为“2020年度四川省乡村振兴示范村”。

万年村并不在核心矿区内，也不在景区内。有的村民每年都去山里采笋子，二三百斤竹笋可以换回几千元收入。对于这些人来说，这是一年里最大的一笔收入。全村的经济状况长期不好，因此万年村在2014年被认定为省级贫困村。

2017年，大熊猫国家公园建设开始试点后，按照“人退猫进”的思路，村里的水电站、煤矿、木材厂都被关停。现在，海拔1 400米以上的地盘，都被划入大熊猫国家公园。有的村民不理解，把地盘让给大熊猫，那我们吃什么？

被森林包裹的大熊猫国家公园南入口社区　　郝立艺 / 供图

荥经县龙苍沟镇民宿村落　郝立艺／供图

村里曾探索过茶叶、黄柏等产业，但效果不明显。发展方竹产业，是万年村转型发展的第一步，村里称之为“大熊猫友好型”产业：背靠大熊猫国家公园，和大熊猫一样，靠“吃竹子”脱贫致富。

村里人实在，跟他们讲道理、讲政策，他们可能也不明白，觉得最重要的是钱得装进“包包”里。刚开始部分村民也有疑惑，方竹栽下后，至少要三年才开始产笋，这期间既没土地耕作又没有其他收入，生活怎么办？

村民有疑惑，我们就要商量对策。在县委、县政府的支持下，一项政策被送到家门口：村里按照每亩200元的

1	
2	3

1. 龙苍沟叠翠溪　夏云／供图
2. 龙苍沟大石坝　夏云／供图
3. 龙苍沟天生桥　夏云／供图

奖补标准，鼓励全村人种方竹。

2017 年，万年村种下 500 亩方竹，2021 年已经产生收益。几年来，万年村累计发放奖补 60 余万元，新发展 3 100 余亩方竹，覆盖全村 45% 的村民。同时万年村还规划 500 亩方竹示范产业基地，配套竹笋采摘、观光步道等。

从 2020 年到 2021 年，万年村集体收入增长了 263%。虽然速度很快，但规模很小，只有 13.8 万元。人均收入 1.4 万元，比邻村少四五千元。

所以，我们还做了许多规划，正在陆续实施。“熊猫会客厅”有温泉酒店、会议中心，“熊猫之眼”房车营地吸引了许多“驴友”抢先体验，还钻探到了温泉。万年村以前有金船组和银船组，我想，现在我们做的这些不就叫“寻梦金船”吗？

一点一滴的变化中，万年村的美好未来已经在向我们走来。生活在这里的村民思想也发生了改变：我们从公园中受益，同时又在保护、建设公园。说到底，这就是在保护我们生活的家园，我们就是“公园人”。

如果说我有什么期待的话，我希望我想象中的万年村能真实地到来。

龙苍沟云端天路　夏云 / 供

不管未来怎样整合，

我们都要管好这块地

● 口述 / 李万洪　四川蜂桶寨国家级自然保护区管护中心科教宣传科科长

我们管理的400平方千米土地，只是大熊猫国家公园的一部分。

蜂桶寨国家级自然保护区成立得比较早，1975年就建了。

现在大熊猫国家公园成立了，从上至下的管理机构有四川管理局、雅安分局、宝兴管理总站，我们是宝兴管理总站下面的一个中心站。

机构到目前还没有整合完成，这是一个复杂工程。不管未来怎样整合，我们都要管好这块地。

保护区这点儿面积，天保管护员就有40个、生态管护员还有45个。宝兴2 000多平方千米的土地都被划进了大熊猫国家公园，全县统筹干这个事儿。

宝兴所有行政村都有大熊猫，要么发现过大熊猫，要么有大熊猫活动痕迹。这个密度相当高，在全国不是排第一，就是排第二。

绵阳平武大熊猫也很多，接近6 000平方千米的区域里，有野生大熊猫300多只；宝兴3 000多平方千米的区域里，有野生大熊猫181只。两地不相上下。平武的大熊猫集中在几个保护区及周边，我们宝兴的大熊猫分布更广，各乡各村都有。

我刚参加工作，就接触救助大熊猫，后来到蜂桶寨国家级自然保护区，我也多次参与救助大熊猫。

大熊猫下山求救，一般发生在冬春两季，山上比较冷的时候。大多数大熊猫是因为生病，也有因为饿的，有两次是因为打架受伤的。我们在灵关镇紫云村先后救助过两只大熊猫，就是打架受伤的。其中一只，背部、耳朵被撕扯、咬烂，最后没有救活。另外一只救活了，但一只脚掌被咬掉半边。争夺配偶时，大熊猫是很猛的，为了适应残酷的野外生存环境，它们要保证后代的基因足够强大。

我前前后后参与救助大熊猫20多次，但在野外遇到大熊猫，只有一次。

有一年，中华人民共和国生态环境部通过遥感卫星，发现甘木河沟疑似有人为活动，通知我们去看看。宝兴县

抢救受灾大熊猫　晏正常 / 供图

转移受灾大熊猫　郑汝成 / 供图

这边进不去，要从邻县芦山县翻山过去。我们组织了十来个人，计划用三天时间，从芦山县太平镇大河村四组进去，翻上山，顺着山梁子，往里走。

第一天，爬到山梁子上住。

第二天，走到城墙岩。山真的像城墙一样，一层一层，恐怕有几百米高。遇到暴雨，我们尽管穿着雨衣，衣服裤子还是被全部打湿。我们用油布、铁锅接雨，生火烧水，泡方便面。

第三天，到了现场。放无人机去拍照，发现是山体自然垮塌，面积较大。当天我们就往回赶。走到宝兴县紫云村，大家还在边走边说大熊猫的事，突然间，发现几坨大熊猫粪便，非常新鲜。我记得当时有人还开玩笑说："大熊猫肯定没有跑远，屁屁都还在冒气。"说在冒气是夸张，但是真的很新鲜。我们继续往前走，队伍最前面的两个人刚走过去，队伍中的第三个人突然停下来，被什么东西震住了！

一只大熊猫！

看样子还未完全成年，2～3岁的样子，应该是刚刚离开母亲，就在树上。所有人一下子全部盯着它，大家都不动弹了。它在树上也不动弹，盯着我们，悄悄地。我们准备从装备包里拿相机出来拍照，结果它一下跳下来就跑了。

在野外碰到大熊猫其实并不容易，我们有几个管护员，干了20多年，野外看到大熊猫，多的也就三四次，少的一两次。除非你24小时不睡觉，蹲在一个地方，像红外相机那样。

我们保护区每两平方千米为一个网格，两百个网格里的红外相机都拍到过大熊猫。这说明大熊猫栖息地环境非常好。只要有人为活动，哪怕不去砍伐、不去盗猎，就算上山挖点儿野菜，都会对大熊猫有影响。老百姓现在一天到晚忙着挣钱，哪还有时间上山啊？哪还有时间到大熊猫国家公园里去搞破坏？

保护区以前有三个区域：核心区、缓冲区和实验区。现在大熊猫国家公园分为一般控制区和核心保护区。不同的区域，有不同的管理方法和要求。一般控制区，可以养鸡；核心保护区，人都不准去。该保护的就要完全保护，该利用的就要利用，不然，绿水青山怎么变金山银山？

大熊猫国家公园从试点到现在正式成立，变化最大的是公益岗位、社区共建共管和入口社区建设。

我们提供的公益岗位，分两班倒，他们一个月只上半个月班。除了主汛期三个月和春节之后的一个多月，全年其余时间，在入山的路口、沟口，都有公益岗位的生态管护员和保护区的天保管护员。公益岗位最大的好处是，能

大熊猫国家公园宝兴县蜂桶寨片区红外相机拍摄到的野生大熊猫
大熊猫国家公园宝兴县蜂桶寨片区／供图

补充人员不足，把天保人员腾出来，去搞重点区域巡护和监测调查。在蜂桶寨乡，我们做了十多个项目，帮助村民发展替代产业。邓池沟沟口的入口社区建设中，我们恢复植被，改造风貌。游客路过这里，被吸引过去打卡，如果再往里面走走，来到熊猫小镇，在小镇上吃个饭、住一住，当地老百姓就得到实惠啦！

这才是一种负责任的探索

● 口述 / 王鸿加　大熊猫国家公园四川省管理局总规划师

我大学的专业是野生动物保护，毕业后被分配到省林业厅野生动物资源调查保护站。

以前我们搞保护，手段差，条件苦，通信靠吼，交通靠走。别人说我们保护站的人“远看像逃难的，近看像要饭的，一问是保护站的”，形容保护站“远看像猪圈，近看是保护站”。

林业系统早期主要的工作就是砍木头，对资源进行砍伐利用。林业工人带一把斧头就上班，工具在腰上，车间在山上。

自从天保工程、退耕还林实施以来，现在的林业早已从以生产为主完全转向了以生态建设、生态保护为主。

这种转向，首先是一种认知上的转变。

党的十八大首次将生态文明建设与经济建设、政治建设、文化建设和社会建设一起纳入中国特色社会主义“五

大熊猫国家公园范围示意图　郑从伟／制图

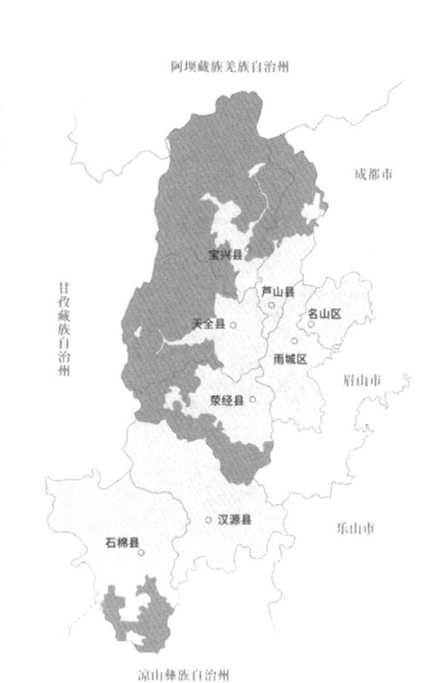

大熊猫国家公园雅安范围示意图　郑从伟／制图

叉尾太阳鸟　高华康/供图

白腹锦鸡　高华康/供图

位一体”总体布局。在习近平生态文明思想指引下，我国生态文明建设发生历史性、转折性、全局性变化，“绿水青山就是金山银山”的核心理念深入人心。大熊猫国家公园的建设就是践行生态文明理念的一种探索。

对公园里的老百姓来说，过去砍树卖钱，是一种资源利用。现在要保护，不砍了，但是这些资源还是要利用。怎样利用？吸引大家来呼吸新鲜空气、观光、拍花拍鸟、休闲度假，也是一种利用。利用资源的方式不一样了。以前是“一次性买卖”，现在是“可持续发展”。

实际上，早在20世纪60年代，我们国家就开始建立大熊猫保护区。但随着经济社会发展，原来一个个孤立的保护区，不足以完整地保护大熊猫的栖息地。在大熊猫国家公园设立之前，国家林业部门就有过这样的想法：从个体保护上升到栖息地保护，再上升到整体——我们当时说的是——景观层次的保护，相当于现在“山水林田湖草沙”这样一个生态系统。

从个体保护到整体保护，是认知的又一次升华和提高。

最早提出大熊猫国家公园这个概念，是在2013年“4·20”芦山强烈地震后。当时做灾后恢复重建规划，有专家提出，雅安许多地方生物多样性丰富、生态地位突出，从全局衡量，这些地方在生态上对国家的贡献要比经济上大得多，应当以保护为主。我印象中，当时的提法是“大熊猫公园”。

但也有另外一种声音：保护会不会束缚发展？

保护和发展，其实并不对立。

以前的保护区，做得不够好。说保护，没有完全保护好；说发展，确实也制约了地方发展。大熊猫国家公园，就是要探索“在发展中保护，在保护中发展”这条路子，它探索的是一种绿色发展、可持续发展的生态文明形态。

拿雅安来说，它的大熊猫保护区面积，以前只占整个大熊猫栖息地的 30% 不到，且分布零散。大熊猫国家公园设立后，雅安境内所有大熊猫栖息地都纳入了大熊猫国家公园范围，这就是保护做得更好、范围更大且更完整了。

再说说发展。

以前的保护区，按照自然保护条例，要想在核心区或缓冲区修条路，不太可能，这是禁止行为。现在，重大线性基础设施工程、民生工程，是可以通过一定方式，在保护的前提下实施的。

大家都知道，以前从雅安到西昌，没有高速公路，走国道，翻泥巴山，车流量很大。特别是冬天，冰天雪地，经常堵车，一堵就是几十千米，到处是车和人，泥巴山成了阻隔大熊猫通行的障碍，大熊猫只好逃走。

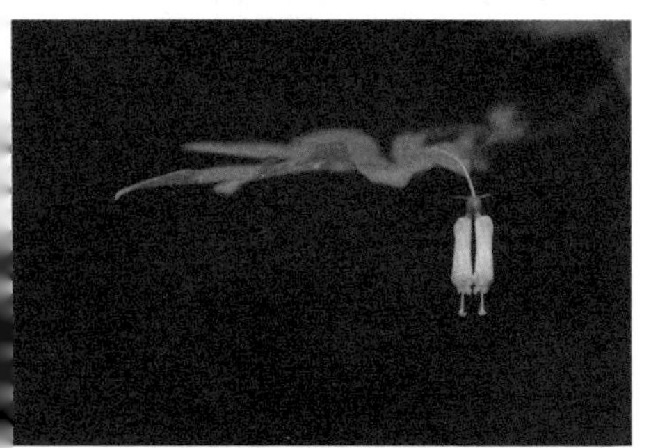

1	
2	
3	

1. 青衣江上海鸥飞翔　何碧秀 / 供图

2. 唐古特忍冬　宋心强 / 供图

3. 西康玉兰　宋心强 / 供图

后来，雅西高速建成，车辆都从隧道里穿过，泥巴山上车和人少了，大熊猫粪便却多了，说明大熊猫又回来了，泥巴山又变成了大熊猫通行的重要廊道。

最近正在建设的宝兴夹金山隧道，也是这样。以隧道和桥梁的方式改善基础设施，推动地方经济社会发展，很好地协调了保护与发展之间的矛盾。

另外一个问题的解决，也体现出“保护是为了更好地发展”这一理念。那就是，大熊猫国家公园的范围怎样划定？

试点时，专家提出两个标准：国家公园里的大熊猫要占整个野生大熊猫数量的 80%，国家公园里的大熊猫栖息地要占整个大熊猫栖息地的 70%。

宝兴县最初有 90% 以上面积被划入大熊猫国家公园，

山溪鲵　宋心强／供图

但这只是试行阶段的划法。试点过程中，地方上反映，有很多矛盾无法解决。2021 年 9 月 30 日，国务院正式批复同意设立大熊猫国家公园，将宝兴的划入面积调整为 81.7%，这才是最终的范围。

我们根据已有的调查资料，把大熊猫最核心的种群和它最优质的栖息地，划入核心保护区，严格保护起来。还有一些地方，大熊猫会在里面活动，老百姓也在里面生产生活，你不能把老百姓“赶出去”，老百姓还要在这里更好地发展。那么，通过一定的限制措施，让这些地方既可以为大熊猫保护做贡献，也能为地方经济社会发展和老百姓生产生活留空间，我们就把它划为一般控制区。

大熊猫国家公园体制探索，要达成的目标之一，就是要让老百姓受益。转型发展，首先要考虑老百姓。老百姓真正尝到甜头，就会打心里支持国家公园建设。

在国家公园特许经营模式下，绵阳平武关坝推出特许授权使用大熊猫国家公园标识的“熊猫蜂蜜”，在网上销售，很快就被抢光。

阿里巴巴集团旗下的盒马鲜生，给宝兴的野山药“整容”，经过一系列“美容”“塑形”后装进真空袋，成为明星商品，带动种植户增收，实现了生态价值转换。

这些都是很好的探索。

遥望贡嘎　吕兵 / 供图

但也有些地方，“等靠要”的思想比较严重，想的是“等政策出来再说”，不主动思考国家公园体制改革应该怎样做。

诚然，困难是有，但这不能作为我们懈怠的借口。在你这个层面能解决的事，一定要去努力推进。

我们现在就面临一个亟待解决的困难：如何理顺体制机制。大熊猫国家公园的机构设置，事权在中央。作为省级层面，我们就积极提出建议方案。四川提出的关于生态补偿的一些建议，已经被中央采纳。

大家很期盼制定国家公园法，这个立法权在全国人大，但地方也可以有所作为。前段时间，省政府出台了《四川省大熊猫国家公园管理办法》，现在正积极推动制定四川省大熊猫国家公园管理条例。

为什么四川要积极推行管理办法和条例？就是我们先做，先试行。有好的经验，国家公园法就采纳；发现不足的地方，我们就改进。这才是一种负责任的探索。

总之，大家都围绕一个终极目标去努力：通过建立国家公园体制，保持自然生态系统的原真性和完整性，保护生物多样性，保护生态安全屏障，给子孙后代留下珍贵的自然资产。

对于我，以及从事我们这个工作的人来说，自己的职业生涯，也是奔着这个终极目标去努力奋斗的。

搞生态保护的人，

就是踩刹车的人

● 口述 / 古晓东　四川省林业和草原局栖息地保护处处长

2017 年 1 月，《大熊猫国家公园体制试点方案》（以下简称《试点方案》）得到批复的那一刻，我内心很激动。《试点方案》与四川、陕西、甘肃三省人民政府上报体制试点方案相比，站位更高，谋划更远，但在范围划定和功能分区、试点主要内容中，《试点方案》几乎全部采纳了上报方案建议，这是对三省政府前期工作的一种肯定。

从中央开展生态文明体制改革和国家公园试点初衷来看，大熊猫国家公园应该是中央事权。当时国家公园建设的总体方案还没出台，国外国家公园建设模式又不能照搬，大熊猫国家公园体制试点缺乏现成的可借鉴的经验，为此，在探讨怎样有效减少人为活动对生态系统的影响时，我们就花了更多的精力在小水电和矿山的退出上。

有一段时间，国家大力支持小水电开发，鼓励地方政

芦山龙门山脉　郝立艺／供图

府和当地居民发展清洁能源小水电，实施农村以电代柴项目，解决边远山区当时越来越突出的电力基础设施薄弱和缺电问题。

小水电被称为山区的夜明珠，但有的小水电建设较早，并没有保证生态流量的管理手段，规划设计不够科学，出现发电引用水量过大、河道脱水断流的问题。但是到如今，认识又不一样了，践行生态文明理念，坚持问题导向，需要发展绿色水电。

大熊猫国家公园内就面临小水电退出的问题。从企业的角度来说，当初的建设是合法的。对于当地来说，这是很大的矛盾，谁也不愿意去触碰。大熊猫国家公园雅安片区内小水电的数量和装机容量占整个大熊猫国家公园小水电总量的 2/3 左右，数量多、规模大，省、市、县三级都觉得很困难。矿山退出面临同样的问题。

国家每年都在经费上持续支持国家公园建设，作为大熊猫国家公园建设的参与者，我相信通过持续的投入，到 2025 年大熊猫国家公园的保护管理、形象面貌一定会有翻天覆地的变化。

试点开始后，从怎么减少人类生产生活对生态系统的影响，到充分考虑大熊猫国家公园里老百姓可持续生产生活的问题，我们充分地进行了研究论证。2022 年，《四川省大熊猫国家公园管理办法》出台，以及正在制定的国家公园相关法律法规，对原住居民的生产生活管理根据试点情况进行了明确，具有很强的操作性。如果村民祖祖辈辈都生活在大熊猫国家公园内，国家相关法律法规、政策也不会限制他们必需的生产生活，这样保护与发展的矛盾就会小一些。生态保护的本质不就是为了人类的永续生存吗？

试点以来，有的老百姓对大熊猫国家公园建设不太了解。造成这一现象的主要原因是，国家公园体制试点从开始是从上至下的体制改革，而不是从下至上的。不只是老百姓，可能有很多地方的官员也说不清楚。如果是前几年，你来问关于大熊猫国家公园体制试点的情况，可能只有省林业和草原局相关处室说得清楚。所以，要了解大熊猫国家公园的规划和建设到底会对当地人的生活产生什么影响，只能是边做边评估，需要一个循序渐进的过程。

我们跟崇州某个村的村主任一起座谈，她代表老百姓提出了很多问题，如“房子能不能改建”“人工林成熟后能不能砍”“老百姓以后的生活怎么办”，等等。

我们跟她聊国家推动大熊猫国家公园建设的宗旨，她就明白了，生态文明建设、大熊猫国家公园建设、生态系统保护也是要考虑人类可持续发展的，并不是什么都禁止。如果符合政策，该批的还要批，该采伐的还是要采

四川大相岭大熊猫野化放归研究基地宣教中心　大熊猫国家公园雅安管理分局 / 供图

伐。更重要的是，大熊猫国家公园建设能给当地带去一些利好的转变，同时也需要老百姓在发展思路上跟着转变。

她就问，怎么其他人说，这个不行，那个也不行？我觉得造成这一现象，一是相关部门和人员对国家公园保护管理政策的了解还不够透彻；二是有的部门可能存在畏难、推脱思想，只要在大熊猫国家公园的范围内，什么都不让动、什么都不批准，好像这样就不会犯错误！一个崭新的事物刚出现，需要在运转中去调整和磨合，要多思考路要怎么走才走得对、走得通、走得好。

大熊猫国家公园建设的亮点，不用我多说，我想说说我们还有很多应该做但还没来得及做的事情。比如：对于人工林采伐的政策的解读，应该做个卡片式的宣传资料，用举事例的方式把政策给老百姓讲清楚。很多时候，给老百姓举个例子，老百姓就懂了。我们要把政策研究好、研究透，才能更好地指导老百姓开展生产生活；他们找我们咨询，我们才能答疑解惑。

还有基层机构的设立，虽然试点期间大熊猫国家公园依托原有保护机构在基层建立了管理机构，但机构性质、级别甚至职责都还没有明确，开展工作也还面临很多困难。这需要各级政府的共同努力，加快推进机构的正式设立。

通过建设大熊猫国家公园，去解决保护和发展不平衡

宝兴县蜂桶寨乡民治村外郎坪特色产业基地　宝兴县林业局 / 供图

的问题，是一种理想的状态。国家公园的建设难道就一定能带动社区发展吗？这个其实不一定。就像现在一样，它是一个过渡阶段。在这个阶段，国家公园建设可能会造成老百姓减收。例如，过去你可能依托矿山开发，一年能收入百万元，但那完全是资源消耗型发展，资源耗尽，给儿孙留下的就是花钱治理环境。现在围绕国家公园搞生态产业，可能一年只能有 10 万元收入，短期内收入肯定减少，但是你的儿孙都会有持续的收入，还一直有优良的生态环境和自然资源。算总账，哪个收入多些？应该从这个角度去理解。

我还有一个观点，大熊猫国家公园建设也让我们搞生态保护的人更有尊严。过去我们做生态保护，虽然各级政府都很重视，但是一些地方对建大熊猫自然保护区存在抵触情绪，认为保护限制经济发展。虽然“吼得凶”，但是保护工作“没有地位”，毕竟经济发展还是排在第一位的。

经常有基层从事生态保护的同志说，一开会就挨骂。刚开始还觉得不习惯，后来脸皮厚了，心一横，心想挨骂就挨骂，该说还得说。很简单，社会的发展就像一辆在公路上行驶的车，大家都在说这个车要开快点儿，一脚油门踩下去，可以跑到 150 迈、180 迈、200 迈，甚至 250 迈。但是，总要有踩刹车的人。我们搞生态保护的人，就是在社会发展中踩刹车的人。

位置决定想法，你坐在生态保护工作的位置上，就应该说生态保护的事。如果你干着生态保护工作，却不履行职责，不去踩刹车，那你为什么要做这份工作？那就是失职。

试点初期，很多地方想的是如何把自己调出试点区域，大熊猫国家公园正式设立后，许多地方逐渐明白了国家公园建设势在必行，是惠及子孙后代的生态工程，都在抢抓大熊猫国家公园建设的机遇，想得更多的是如何结合国家公园建设带动当地经济转型发展。

机构人员变化也在一定程度上体现了保护与发展的融合。大熊猫国家公园各管理分局是新成立的机构，人员来自许多部门，有些以前天天在一起“吵架争论”的人，现在却变成了“一家人”。

而且，做大熊猫国家公园保护工作也不会一蹴而就，基层需要懂生态保护、对生态保护工作有感情的人。搞管理也是，至少要有生态保护的基本知识和理念，作决策的时候，才会全面均衡地考虑问题，不偏颇。

四川的生态保护工作，是走在全国前列的。国际性的生态公益组织也纷纷选择在成都落户，20 世纪 90 年代就

变“伐木工”为“护林员” 大熊猫国家公园宝兴县峰桶寨片区 / 供图

野外巡护　张华／供图

有超过 6 家国际生态保护机构在成都设立办事处。比如世界自然基金会早在 1980 年就进入四川从事大熊猫保护工作，2000 年左右就在成都正式设立项目办公室。

我们从国际组织那里也学到很多发展理念，比如他们注重社区发展。当时德援项目人员去宝兴邓池沟做社区发展项目，帮助当地的原住居民修水管，发展养蜂、养兔产业。一开始我们还不理解，为什么要做这些，跟生态保护工作有什么关系？后来逐渐在工作中才知道，这样做一方面希望通过发展生态友好型产业，减少原住居民对自然资源的利用；另一方面也希望跟原住居民建立良好的关系，让原住居民愿意支持生态保护工作。

四川自然保护区周边实施社区发展项目的时间很早，但我认为，将社区发展交给地方政府去主导是最优的办法。中央对国家公园管理机构和当地政府职责划分得很清晰，大熊猫国家公园管理机构的三大任务是：自然资源资产管理、国土空间管控、生态修复。地方社会事务还是由属地政府去管理。

过去的自然保护区、现在的大熊猫国家公园都存在基层巡护员收入低、工作环境艰苦、外界缺乏对他们的认知和了解等问题。一个人选择做一份工作，要么是这份工作能够带来保障，要么就是能在这个岗位上找到自我价值。国家公园目前还没有完全解决这个问题，仍然存在人才引进难、留住难的问题。

我们连续几年与生态环保组织合作，开展最美巡护员评选，就是想让他们找到对这份工作的认同感，让他们觉得从事这项工作学得到东西，能不断实现自我价值。所以，一方面我们不断创造外出学习培训的机会，让巡护员的能力不断提升；另一方面引入科学家去当地从事科研活动，巡护员可以获得配合参与的机会，增强荣誉感。

从事野外保护工作的同志之间更多的是一种战友情。调查队队员们一起上山，要想安全回来，离不开相互帮助和支持。而且，我们都有共同的梦想——在大熊猫国家公园里实现自我价值。

我个人认为，大熊猫国家公园建设就是生态保护工作最理想的状态。通过将大熊猫国家公园建成生物多样性保护示范区、生态价值实现先行区和世界生态教育样板，最终让国家公园成为人与自然和谐共生的典范，这是大熊猫国家公园建设的目标，也是我们从事生态保护工作的终极目标。

大相岭国家级自然保护区的小熊猫　宋心强／供图

摸着石头过河，

大熊猫国家公园建设才刚起步

● 口述 / 王岩飞　汉源县政协主席，原大熊猫国家公园雅安管理分局党组成员、副局长

当大熊猫国家公园管理局朝我“走来”的时候，我是陌生的。它是个什么样的机构？有多少人？在哪里办公？

到岗了，我才知道脑中思考过的那些问题都没有答案。一切从零开始。

要干事儿，得先解决人的问题。雅安管理分局从 2020 年 1 月开始筹备，5 月挂牌。4 个月的时间里，人员陆陆续续地来，正式员工一共 14 人。人员构成相对专业，他们从省林草局、蜂桶寨国家级自然保护区、荥经县大相岭自然保护区、栗子坪国家级自然保护区这几个单位来，或多或少都从事过相关的工作。有研究生学历的，超过了一半。我们也是全省第一批构建起“管理分局—管护总站”二级管理运行机制的市州。

落实办公地点也费了一番周折。所有的一切，都像是在白纸上作画，组建起一个新的家。从选址到科室设置，再到我们现在坐的会议室的桌子，都是新的。

工作是赶着来的。5 月完成机构建设，9 月就迎接评估验收。白天黑夜连轴转，我们梳理了 2 个大类，100 多个卷宗，把大熊猫国家公园雅安区域内的资源状况、工作开

蜂桶寨自然博物馆　大熊猫国家公园雅安管理分局 / 供图

宝兴邓池沟入口社区　大熊猫国家公园雅安管理分局／供图

大熊猫国家公园雅安科普教育中心　大熊猫国家公园雅安管理分局／供图

展情况、特色亮点各个方面全部梳理出来。评估验收组对雅安的工作很满意，但我们知道，工作才刚起步，一刻都不容松懈。

大熊猫国家公园从试点到设立，面积一直在调整。调整减少的部分，主要是老百姓常年耕种和集体林区域。

5 935.82 平方千米，是雅安被划入大熊猫国家公园的最终面积，占全市行政区划面积的 39.45%，占整个大熊猫国家公园面积的 27%、全省的 31%。划入面积最大、占比最高、山系最全、县份最多，这些都是雅安片区在整个大熊猫国家公园里的特点。

雅安片区还是连接邛崃山—大相岭大熊猫栖息地的重要廊道，连接小相岭—凉山山系的关键区域，对于连通相互隔离的大熊猫栖息地，实现隔离大熊猫种群基因交流具有重要意义。

大熊猫国家公园建设的初衷，是解决同一区域由住建、水利、林业等部门多头管理的复杂局面。国家把自然保护地体系分为了三个层级：国家公园是第一层级，自然保护区是第二层级，自然公园是第三层级。这三个层级都统一归口林业。雅安片区就相当于把原来的几大保护区整合起来，全部纳入了大熊猫国家公园的范围。比如夹金山区域和二郎山区域，既是风景名胜区，又是国家森林公

具体来说，我们就是做好规定动作，打造特色亮点。

标准化试点建设，是我们目前做的一个规定动作。硬件上，就是统一管护站房、巡护装备，做好勘界定标等内容；软件上，包括建立执法体系、制度体系等。宝兴和天全在标准化建设上先行示范。大熊猫国家公园区域范围明确了，勘界定标就是随之而来的一个系统工程。打桩分电子桩和实体桩，在核心保护区，一般很少有人去的地方，就打电子桩；在一般控制区，离人居住点比较近和顺公路的地方，就打实体桩。宣传工作也是勘界定标中的一项重要工作，要告诉老百姓，哪些地方能去，哪些地方不能去。界碑、界牌融入了一些高科技元素，比如它有语音播报功能，进入核心保护区，它就会自动播报“请你离开”。在很多路口都有监控，希望可以通过这些界碑、界牌，提醒群众不要“越界”。总体来说，标准化试点还是取得了一些成效。2022 年 5 月，全省标准化试点座谈会在天全召开，其他市州都来参观我们的标准化试点建设。

雅安片区每个县都有各自的特色亮点。天全县被列为大熊猫国家公园（四川）生态体验先行试验区单位。探路喇叭河景区的特许经营模式，希望探索一条能平衡好核心保护区和一般控制区人与自然和谐共生关系的新路，项目通过布设红外相机和短波相机等，监控到该区域内各种生

1 2 3

物，更好地推动野生动植物保护。在执法方面，组建了以“熊猫警察”为主的综合执法队伍，合力守护大熊猫国家公园。

荥经县建设大熊猫国家公园是天时、地利、人和。

天时，是从资源型经济转型发展，荥经县委、县政府把大熊猫国家公园建设作为转型发展中一项重要的工作。

地利，就是交通条件好、位置好，雅西高速龙苍沟

1. 建成的雅康高速　郝立艺 / 供图

2. 天全光头山，云雾中的原始森林　郝立艺 / 供图

3. 天全光头山云海　郝立艺 / 供图

站—大熊猫国家公园南入口社区（共建共享区）—发展村民宿区—龙苍沟—叠翠溪景区—自然教育学校—大熊猫放归基地，随着海拔的递增，多角度、多特色展示了大熊猫国家公园的建设理念。这条线路，包含了大熊猫国家公园建设探索的不同类型，用一两天的时间就可以看完。

人和，就是大家齐心协力干好工作。荥经县举全县之力推动大熊猫国家公园建设，整合各类资源，人心齐，泰

天全光头山、贡嘎金山与旅游者比肩相邻　郝立艺／供图

山移，所以荥经也成为了“两山理论”的全国实践基地。

荥经县的泥巴山栖息地修复、生态廊道建设也成效显著。经过这几年的保护，红外相机已连续三年在泥巴山拍到大熊猫母兽带崽的画面，这是非常好的一件事情，原来很少拍到大熊猫，现在能拍到大熊猫母兽带崽，说明泥巴山生态廊道建设的质量在提升，大熊猫已经在这里生活和繁衍后代。泥巴山也挨着牛背山，康养产业也未来可期。

在大熊猫文化上，宝兴县占了先天优势。宝兴县是“熊猫老家”，大熊猫数量多、密度高，许多人都可以讲一段跟大熊猫有关的故事；石棉县野化放归很有特色，也在建设孟获城入口社区；芦山县正在着手建设大川入口社区。这些地方吸引了许多游客去度假避暑。

其实，大熊猫国家公园的建设才刚起步。虽然做了一些工作，但要做的事还有很多，既需要钱，也需要人，更需要体制机制的保障。

对于大熊猫国家公园建设，我有三个希望：希望大熊猫这个物种在雅安这片土地上，能够更惬意地生活，更健康地生长；希望通过野化放归，大熊猫小种群能够复壮；希望通过我们的保护和建设，大熊猫国家公园能够越建越美，更多的人能够走进它、感受它、欣赏它，真正坚持“生态保护第一、国家代表性、全民公益性”的国家公园理念。

最后，我想用一首诗表达我对大熊猫国家公园的祝愿和期待：

国家公园一周年，国宝家园焕新颜，
廊道连通青山笑，完整保护绿水欢，
国宝频频来偶遇，伙伴纷纷舞翩翩，
万物伞护生灵乐，国家公园更向前。

保护面积越来越大，
富民强县的路子越来越宽

● 口述 / 罗显泽　宝兴县委书记

说到大熊猫，宝兴人很骄傲。

1869 年，法国传教士阿尔芒 · 戴维首次向世界展示大熊猫，其模式标本产地就在宝兴的邓池沟。宝兴被誉为“熊猫老家”。

1957—1982 年，中国有 24 只大熊猫作为“国礼”赠送给美国、法国、德国等国，其中出自宝兴的大熊猫就有 17 只。

全国第四次大熊猫调查结果显示，宝兴有野生大熊猫 181 只，宝兴一个县就占全国野生大熊猫总量的近十分之一。

说到大熊猫国家公园，宝兴人也很自豪。

2013 年“4 · 20”芦山强烈地震，宝兴是重灾区。做灾后重建规划时，宝兴提出建大熊猫公园这一想法。后

宝兴县达瓦更扎景区的云海　郝立艺／供图

来，被市上、省上采纳。

在大熊猫国家公园里，宝兴有“五个最”：大熊猫发现最早、“国礼”大熊猫最多、大熊猫文化历史最悠久、大熊猫国家公园占县域面积比例最高、野生大熊猫种群密度最大。

大熊猫国家公园是生态宝库、最美国土，保护要放在第一位。但问题也来了：81.7% 的面积被划入国家公园、75% 左右的面积被纳入核心保护区，这么一来，宝兴好像没法“动弹”了！要知道，宝兴以前发展靠的是“三头”经济。山上砍“木头”，山中间挖“石头”，山下搞“水头”

（小水电）。

宝兴一直以物产丰富为傲。“宝兴”二字取自《中庸》：“今夫山，一卷石之多，及其广大，草木生之，禽兽居之，宝藏兴焉。”“三头”经济时代，宝兴算是全市日子很好过的一个县。

但是“三头”经济最大的恶果是对环境的破坏非常严重。开采汉白玉高峰期，“开膛破肚”挖山，宝兴河的水就像牛奶一样黏稠，许多原始森林消失了。

宝兴东拉山峡谷的清澈溪流　郝立艺／供图

这些年，宝兴一直面临转型发展的问题。现在建设大熊猫国家公园，要守护好生态绿色本底，守护好绿水青山，我们关停了公园内矿点、电源点 95 座（处），暂停采矿权延续 33 座。一段时期，宝兴经济断崖式下滑，比如 2018 年、2019 年这两年，在全市垫底。

转型发展充满阵痛，但是县委、县政府没有把这个困难当作前进的绊脚石，而是积极探寻新的路子。

既然要以壮士断腕的魄力破除“三头”经济，那我们

宝兴东拉山峡谷　　郝立艺 / 供图

就在转型发展、绿色发展、高质量发展上想办法、做文章。

宝兴还有个称谓——“中国天然氧吧”。这里全年平均气温 15 ～ 20℃，夏季苍蝇、蚊子少，氧气中负氧离子含量高达每立方厘米 1 万～ 2 万个，很适合避暑。

我们实施生态移民，移了七八千人。原来老百姓都在山上，跟大熊猫争地盘；现在移民下山，大家并没有因为发展空间压缩而返贫，老百姓搞民宿，日子过得很好。

夹金山云海　高华康 / 供图

宝兴有 6 个 4A 级景区，我们要把景区建设好。达瓦更扎，在藏语中意思为“美丽的神山”，景区按照亚洲最大的 360 度观景平台来打造，每年吸引游客突破 500 万人次，2021 年门票和基本收入超过 3 900 万元，这是一个非常大的突破。

我们在全省率先打造大熊猫溯源之旅。走进宝兴，会经过“熊猫奇遇大道”。在这条线上，很容易与大熊猫发生“奇遇”。

人和自然、人和大熊猫和谐相处，在宝兴真正成为现实。打好大熊猫牌，建大熊猫国家公园“熊猫老家门户”，把文化旅游发展起来，这是宝兴的第一个转型。

第二个转型，是汉白玉。

以前开采汉白玉，不像现在这样一块一块地有序开采，而是用炸药狂轰滥炸。炸来炸去，积累了一亿立方米左右的汉白玉矿渣、荒料。一亿立方米，相当于三亿吨！散乱污企业和矿山彻底关停并转后，这些矿渣怎么处理？要是被暴雨冲到河里堵塞河道怎么办？

其实，别小看这些矿渣，它可以用来生产碳酸钙。碳酸钙的用途很广泛。它可以做腻子，刷墙壁；它也可以做手机外壳、牙膏、化妆品；它还可以做钙片，或者制药……我们测算过，如果把这些矿渣、荒料全部利用起来，发展碳酸钙下游产业，产值将达到100亿～300亿元。

所以，我们大面积地结合矿山生态环境修复，将矿渣从山上运到车间，引进中核集团、高时集团等大企业，把产业链延长。老百姓务工也有地方了，再也不去山上乱砍滥伐。现在宝兴汉白玉通过精深加工，产品价格卖得更贵，真正当成“玉”来卖。

其他工业生产怎么办？81.7%的土地被保护起来，往哪里安放其他生产企业？不发展了吗？

肯定不行。老百姓要过日子啊！

宝兴积极探索经济区与行政区适度分离。没有空间，没有要素，我们就向外拓展，搞“飞地经济”！

在雅安的国家级经济技术开发区，我们发展宝兴飞地园区，把成都和重庆周边铜铝循环利用产业引进来。2021年，宝兴飞地园区两百多亩土地就创造了80多亿元的产值，2022年将突破100亿元。

我刚来宝兴工作时，县财政收入才一个多亿，2021年上升到7亿多元，短短几年，翻了几倍。现在看来，飞地园区这条“无中生有”走出来的路子，是成功的。

第三个转型，是挖掘红色资源，发展红色教育和红色旅游。

夹金山，是中央红军长征翻越的第一座大雪山。我们

夹金山国家森林公园　高华康 / 供图

组建的夹金山干部学院，现在已升级为四川省长征干部学院的五大分校之一，每年培训 3 万人次以上，带动红色旅游 30 万人次，取得了良好的社会效益和经济效益。

国家正在建设长征国家文化公园。宝兴是雪山草地的起点，因此我们提出，打造长征国家文化公园“雪山草地门户”。

你会发现一个特别的现象，宝兴可能是全国唯一的两大国家公园战略叠加的县。一个是自然公园——大熊猫国家公园；一个是文化公园——长征国家文化公园。面对双重叠加的战略机遇，我们要牢牢抓住，真正把宝兴建成出色出彩的国家公园第一县。

1. 神木垒　宝兴县林业局／供图
2. 夹金山国家森林公园森林康养基地——旅游接待设施齐备的林海山庄　宝兴县林业局／供图
3. 2019 年，宝兴县林业局、宝兴县森林公安局副局长付东等在陇东镇若笔沟抢救受伤大熊猫　宝兴县林业局／供图

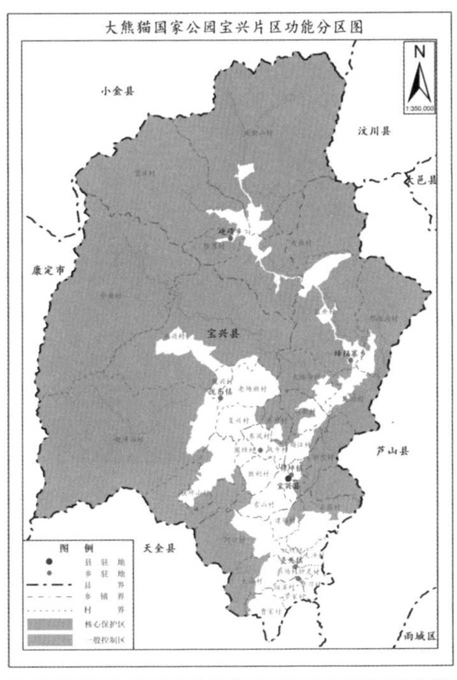

4. 2022 年，四川大熊猫国际文化周开幕式在宝兴县蜂桶寨乡邓池沟大熊猫国际溯源营地举行　张毅／供图

5. 大熊猫国家公园宝兴片区功能分区图　宝兴县林业局／供图

1	2	5
	3	
	4	

夹金山国家森林公园　高华康/供图

保护面积越来越大，富民强县的路子越来越宽。践行“两山理论”，将“绿水青山”转化为“金山银山”，宝兴正在进行一场生动的实践。

重创意、轻资产，

最大化减少对国家公园的影响

● 口述／古玉军　荥经县委书记

2016年底，我到荥经工作不足半年，正逢国家开始谋划大熊猫国家公园体制试点。

2017年，体制试点正式开始，不少干部仍然担心：国家公园把界一划、地一圈，咱们的矿山要退出，小水电要退出，这对传统生产方式和产业结构将是多么大的冲击啊！经济恐怕要断崖式下滑！

“束缚多，限制多”，当时大家常挂在嘴边的，是这句话。

不行，得统一统一大家的思想。我心想。

“这个事情，没有任何争议了，必须要做！大熊猫国家公园建设，是推动绿色发展、转型发展、高质量发展的重大机遇。矿山、小水电，该退出就退出；产业，该转型就转型。与其天天找省上‘闹’，央求少‘圈’点儿地、再调

大熊猫国家公园晨曦　夏云／供图

点儿矿山出来，没有任何意义，也没有任何机会，不如跳出固有思维模式，主动抓这个事儿。主动抓，就有机会成为全省亮点，甚至全国示范。从省上到国家，对荥经的支持将会越来越大……”我讲这番话，不单单是给大家“心理按摩”，我是讲“真”，因为荥经有这个底气。

荥经这地方，森林覆盖率达 80.3%，居四川省第一。我们拥有这么好的生态环境，加上人文历史和地方餐饮美食，三大元素交织，一定会形成新的文旅业态，催生新的发展方向和模式。通过大熊猫国家公园建设，我们把生态环境保护好，让产业也成功转型，这是件多么有意思的事！

后来我们总结，大熊猫国家公园建设过程中，荥经的“第一个转变”——从思想被动向主动转变——就是指的那段时期。我大会小会都讲，到乡镇部门调研也讲。讲得多了，大家最后也听进去了，听明白了。

思想统一好谋事，思路一变眼界宽。2018 年底，我们真正下定决心：干，并干出一番模样来！

我是一个地方的县委书记，对我来说，保护生态这件事，要干；经济发展这件事，也得干。

的确，很多项目要在大熊猫国家公园之内搞，审批起来很难。不过，你去研究如何适应政策管理要求，就会发现，政策并不是完全把你限制死，把你“干掉”。比如，在核心保护区，只能“人退猫进”，坚决不允许有任何人为活动，这个底线不能触碰；在一般控制区，则有发挥空间。

龙苍沟秋水　夏云／供图

龙苍沟春韵　夏云 / 供图

在这个空间，能做哪些自选动作？我们的经验是，着力打造“重创意、轻资产”的文旅产品和生态旅游产品，最大化减少对公园的影响。

大石坝户外桐趣营地就是一个例子。

大石坝是荥经龙苍沟镇大熊猫国家公园南入口社区的一个景点。这里有美丽的河滩、茂密的森林和幽深的峡谷。白天，游客观赏野生珙桐，探秘野生动物，寻找大熊猫屁屁；晚上，可以住下来，看星空，听虫鸣，放空自己。怎样给游客提供高端生活配套？过去的理念是，修个酒店，修几排木屋，大改大建。不！我们现在不这样。我们把太空舱拖来，和酒店房间一样，里面生活设施一应俱全，轻奢又便捷。等游客走了，把产生的生活垃圾和污水全部拉走，对环境几乎没有破坏。

这样的产品，越来越受年轻群体喜爱，也符合大熊猫国家公园的气质。

前段时间，我们专门对龙苍沟区域进行了深度研究，类似大石坝这样“重创意、轻资产”的文旅产品，至少可以推出十个来，能形成一个产品系列，让游客来到国家公园，规划两三天或三五天的行程，玩法不重样，乘兴而来，满意而归。

这也是我想说的，荥经在国家公园建设中的“第二个转变”——从生态向业态转变。在保护生态的前提下，真正把生态价值转化利用到极致，把产品开发到极致。

之前有记者朋友采访我，他对我说：“古书记，我发现你常用一个高频词——产品。你是一个用市场理念和产品思维推动工作的县委书记。”

还真是这样。我重视产品。

产品是让普通人可以使用、体验和感知的东西或场所。大熊猫国家公园建设和文旅融合发展的结合点是什么？就是推出好产品。

现在，除了龙苍沟，我们在别的区域也在不断推陈出新，创造更多产品。

荥经还有大名鼎鼎的中国最美观景平台——牛背山；与龙苍沟接壤的安靖乡区域，保存着原汁原味的茶马古道文化；作为大熊猫重要生态廊道的泥巴山区域，人们可以在大自然中寻觅野生大熊猫留下的痕迹……

在这些区域，同样不搞大改大建，适度配套一些旅游设施，就能做出好产品。让好产品辐射全域、开花结果，就可以实现我们的“第三个转变”——从局部向全局转变。

“三个转变”，这就是荥经推动大熊猫国家公园建设的独特之处，也是我们的方法论。

用这套方法论，最终能建成什么样的大熊猫国家公

大相岭山脉中的珙桐　陶雄辉 / 供图

园呢？

大目标，国家已定好。我想说说荥经的“小目标”。县委反复研究，形成一个共识，把荥经定位为“大熊猫国家公园创新示范区”，以更高的标准来推动国家公园建设。

要在荥经大地上绘制出这张美丽蓝图，我们提出了“三个示范”。巧了，也是数字“三”。证明许多工作，抓住重点，就能化繁为简。

一是做成科研保护的示范。荥经将建成全国最大的大熊猫野化放归基地，规划两万亩，同时也是大熊猫科研、保护和生物多样性展示的平台。这里将拥有整个大熊猫国

被大雪覆盖的大熊猫国家公园荥经县管护总站　夏云／供图

家公园中最尖端的设备，培养一支年轻有为、充满斗志的科研保护队伍。

二是做成自然教育的示范。“自然教育第一县”是我们提出的目标。我们拥有大熊猫国家公园首个大熊猫国际森林探秘学校，正在加快建设熊猫科普馆。有个好消息，在国家林草局的支持下，中国大熊猫保护研究中心拟从卧龙基地调 4 只大熊猫到荥经龙苍沟。这个是最大的引爆点，在大熊猫国家公园里真正能看到大熊猫了。

三是做成入口社区的示范。我们赋予龙苍沟大熊猫国家公园南入口社区一个全新的 IP：貊貊。晋人郭璞在其所注的《山海经·中山经》中记载："邛崃山，在汉嘉严道，有九折坂，出貊。貊似熊而黑白驳。"文中提及的"严道"即现在的荥经。整个貊貊 IP 下面有三个部分：貊貊家园、貊貊校园和貊貊乐园，分别对应社区、自然教育和游乐世界三大板块。

这就是我们的思路，我们的蓝图，我们越来越近的诗和远方。

讲句玩笑话：荥经永远可以被模仿，但永远不能被超越。因为，荥经建设好大熊猫国家公园的决心，是无比坚定的！

学“猫步”，走“猫路”，写“猫文”

● 口述 / 高富华　雅安日报高级记者

我和大熊猫“相遇”在 20 世纪 90 年代。一只大熊猫大摇大摆地走进芦山县城，这个稀奇事儿被我写成稿子，在《四川日报》等报刊上发表。

大熊猫“戴丽”是我“猫步”引路人。2001 年，我第一次看到野生大熊猫，它叫“戴丽”，全球首只截肢大熊猫。本来以为大熊猫的毛很柔软，摸过才知道，像猪毛，很硬。“戴丽”死里逃生的故事，在《人与自然》杂志上刊发，还被《人民日报》海外版转载。1 000 多元稿费，是我人生中第一次单篇稿件稿费上千，我第一次感受到“有名有利”。

那时，我还是新闻爱好者。后来，我成为一名记者。走“猫路”，写“猫文”，让我真正走进了大熊猫的世界。

2005 年底，以夹金山为标志的“四川大熊猫栖息地”

申报世界自然遗产保护地。为了迎接检查评估，市上成立迎检指挥部。我作为指挥部工作人员参加检查评估，任务是完整准确地采访世界自然保护联盟保护地委员会主席戴维·谢泊尔，但不能表明记者的身份，更不能干扰他的工作。

野外考察评估的第一站，是到雅安。我以为这个国际性的活动会有一大批记者跟随，但我拿到名单后，发现我是“独家”。那瞬间，我觉得自己手气特别好，像是中了一个几百万元大奖——一旦大熊猫栖息地申遗成功，我将是唯一的新闻记录者。

考察评估时间为 9 月 30 日到 10 月 9 日，涵盖成都、雅安、阿坝、甘孜等 4 个市州的 12 个县（市、区），但野外考察，只有雅安。10 天时间，有 5 天在雅安，这意味着雅安是大熊猫栖息地申遗的重中之重。此前，专家组成员曾多次到雅安检查指导，比如国际生物科学院联盟中国国家委员会主席、中国科学院动物研究所研究员汪松，著名鸟类学家、中国科学院动物研究所研究员何芬奇，中国科学院成都山地灾害与环境研究所研究员陈富斌等。他们都接受过我的采访。汪松说，大熊猫栖息地申遗，雅安起着举足轻重的作用。陈富斌说，如果没有雅安，大熊猫无从说起，大熊猫的故事没有开头。通过采访这些专家，我了解到大熊猫栖息地申遗，意味着大熊猫保护工作将实现层层升级——从地方保护到国家保护，再到世界保护。从某种意义上来说，保护大熊猫，雅安在为世界站岗、为世界放哨。

刚开始，听说戴维·谢泊尔不近人情。但在野外考察时，通过跟戴维·谢泊尔相处，我发现他很真性情。

从永富乡（现已并入陇东镇）到硗碛藏族乡，要翻过海拔 3 600 米的中岗山。在翻山的过程中，前面带路的人发现了一大两小的大熊猫在竹林里吃竹子。大熊猫的习性通常只带一个宝宝，就算生两个，它也只管一个。在野外能够发现“一大两小”，不仅对科研是十分珍贵的资料，而且为考察申遗也提供了现实佐证——这里有野生大熊猫。带路人通过卫星电话请示，是否把大熊猫拦住，让专家能够看到这十分难得的场景；戴维·谢泊尔想了想，说：“不，我们走进大熊猫的家园，已经打扰了它们的正常生活。等它们走了，我们再上前。”

在戴维·谢泊尔眼里，他并不在乎是否见过野生大熊猫，他更关心大熊猫栖息地的完整性及这里是否适合大熊猫和其伴生动植物的生存。丛林里，小山沟的水还是浑浊的，表明大熊猫刚从这里蹚水后走了；树林里，满地都是大熊猫的粪便和被它们咬断的竹节，有一些粪便还冒着热气，表明它在这里边吃边拉……这些大熊猫留下的生活痕迹，足以证明，在这片土地上有大熊猫在栖息。

在考察过程中，我一直想拍一张“大熊猫栖息地申遗”的标志性照片。虽然对着戴维·谢泊尔拍了很多，但我始终觉得还差一张“拿得出手”的。于是我跑在队伍最前面，寻找最佳拍摄点。在扑鸡沟，我发现了一座刚搭建好的独木桥，光秃秃的两根圆木搭在水面上。扑鸡沟的水量不大，但落差大，颇有“乱石穿空，惊涛拍岸”之势，一旦落水，很难生还。我回头一看，戴维·谢泊尔已在我身后不远处。我只得壮起胆子走过独木桥，转身拍下自认为申遗中最经典的照片——戴维·谢泊尔被人牵着，腿都不敢打直，颤颤巍巍地过河。

在邓池沟天主教堂，戴维·谢泊尔对着大熊猫发现者阿尔芒·戴维的画像三鞠躬，然后稀里哗啦说了一大段话。北京大学教授吕植告诉我，戴维·谢泊尔说的大意是：我们都叫戴维，我们都在做同一件事。100 多年前，你发现了大熊猫，100 多年后，我保护大熊猫。这是我们两个戴维相隔 100 多年的“握手”。

这感人的一瞬间，被我记录下来。

从喇叭河到邓池沟，从野猪岗到中岗山，戴维·谢泊尔在天全、宝兴两地野外徒步行程超过 100 千米。我紧随其后。

考察评估结束后，接下来就是等待。2006 年 7 月 12 日，从遥远的立陶宛传来喜讯，“四川大熊猫栖息地”申遗成功！

高富华过独木桥　高富华 / 供图

过河　高富华 / 供图

那一刻，我正穿行在大熊猫村庄采访。那天下午，约稿电话不断。

2007 年 5 月 25 日下午，联合国教科文组织在北京人民大会堂为“四川大熊猫栖息地”授予“世界遗产证书”。我应邀参加，见证了这一辉煌时刻。

随着对大熊猫了解得越多，我越发困惑，我真想问大熊猫一句话——

你的过去，有多少秘密值得我们挖掘？

你的未来，有多少精彩又让我们期待？

有很多地方发现了大熊猫化石，雅安没有发现大熊猫化石，但有野生大熊猫。雅安的大熊猫从哪里来？为什么选择在雅安不走？

现在圈养的 600 多只大熊猫里，有多少是雅安大熊猫的后代？它们的前世今生有多少人知道？

为什么阿尔芒·戴维要到雅安？为什么最先对大熊猫进行科学发现的不是中国人，而是外国人？

我们开口大熊猫文化、闭口大熊猫文化，大熊猫文化的内涵和外延又是什么……

记者的天性，是“在不断追问中逼近真相”。这些问题吸引着我、推动着我，开始从碎片化的记录到系统性的研究。从此，我走上了探寻大熊猫文化的“猫路”，试图破译大熊猫文化的内涵和外延。

大熊猫的存在虽然有着数百万年的历史，但从发现到科学认识，只有150多年的历史。虽然并不漫长，但谁也没有能力完整地还原这150多年来大熊猫所走过的每一步。对于大熊猫的认识和研究源于西方，大量的文献资料都是以法文、英文散落在世界各地，几乎没有人进行过完整的搜集和整理，这个领域似乎还是一个空白。

谁来突破这个空白？我觉得雅安人应该率先突破。我也知道，谁也不能穷尽一切问题，但我依然努力追寻，寻找一个答案。或许这个答案并不准确，但总不能在问题面前，我们的答案也是空白。

要想拨开历史迷雾，就需要最原始的第一手材料。因为前期的采访积累，我请相关专家提供了一些线索，先后基本完整地收集了西方对大熊猫从发现到研究的一些珍贵的文献资料，包括阿尔芒·戴维撰写的《戴维日记》《戴维植物志》《中国鸟类》，以及他在中国三次旅行考察的相关书籍。同时，我还收集了罗斯福的两个儿子在雅安追踪大熊猫的历史记载等。

《戴维植物志》上篇是华北植物，下篇是藏东植物，但是他的藏东植物实际上写的是穆坪植物。当年他到了穆坪，以为到了藏东。准确地说，这本书应该叫“穆坪植物

中国人文标识
China

当我们谈论大熊猫时，
我们在说大熊猫文化，
而不仅仅是生物熊猫。

高富华作品集　高富华／供图

高富华在人民大会堂参加世界自然遗产四川大熊猫栖息地颁证仪式　高富华／供图

志”，因为90%记录的都是穆坪的植物。150多年前，一个外国人就为宝兴写了一本植物志，放眼中国，也是独一份。但是这些资料都是外文，还没有被翻译成中文。

问题层出不穷，我也穷追不舍。目的只有一个，那就是把大熊猫的前世今生讲清楚，讲好一个大家都未曾听说的大熊猫故事，从而讲好雅安故事、中国故事。

我利用工作之便，找到一些大学生和专业翻译，基本梳理出大熊猫从科学发现到今天的整体脉络。在雅安市委宣传部和省、市社科联以及相关部门的支持下，我先后编著出版《大熊猫史画（1869—2019）》《大熊猫史话（1869—2019）》《大熊猫 国宝的百年传奇》《熊猫山河记》等多本大熊猫文化图书。

眼下，我还在继续追问——大熊猫文化对我们意味着什么？

发现和认识大熊猫时，它只是一个生物物种，但是随着我们对它进行深入研究，“生物熊猫”在向“文化熊猫”转变。

什么叫文化？人类对某个东西进行研究，当它凝结了人类智慧，就开始形成文化。大熊猫不仅有着无与伦比的科研价值，还有着无与伦比的文化价值和经济价值。

什么是大熊猫文化？到今天也没有准确的定论。所以我就从它的生物属性、自然属性和社会属性寻找，提出以

“和”为主题的大熊猫文化：和平友好、和善坚韧、和谐相处、和气致祥。

一条“猫路”，既是有形的，也是无形的。既然选择了“猫路”，我会一直走下去。

从糊口到热爱，

我要在这片森林里拍一辈子

● 口述 / 高华康　宝兴县林业局退休工作人员，大熊猫摄影爱好者

最开始完全没有概念，只是想找个适合的事做而已。

1980 年，蜂桶寨国家级自然保护区刚刚建立，我就到这里工作。1981 年，我被抽派去卧龙国家级自然保护区一个名叫“五一棚”的观测站学习，去了才知晓，著名生物学家胡锦矗和美国动物学家乔治·夏勒在这里开展野生大熊猫的研究。初来乍到，能得到专家指导，那是太幸运了。

“五一棚”是一个有故事的地方。最初，这里其实就是几个简陋的窝棚，因为从厨房到取水处需要走 51 级台阶，所以胡老先生就把它取名叫“五一棚”。但是，它却成为世界第一个大熊猫野外生态观察站，全球大熊猫研究者的“朝圣”之地。

胡老先生当时常常打着绑腿，一言不发地钻进茂密的

丛林研究大熊猫。他的打扮和挖药材的当地农民一样，话很少，干事却很踏实。

从这些专家身上，我学到了很多，也对大熊猫野外生活习性有了一些认识。

学习回来后，宝兴相继出现箭竹开花。竹子一旦开花就会枯死，对大熊猫的野外生存环境有很大影响。一时间，大熊猫面临无竹可食的危机，一些大熊猫因饥饿生病，也有饥饿的大熊猫为了觅食，离开高海拔的栖息地，下山到村子里寻食物充饥。

为了记录当时箭竹开花的现实和野外大熊猫生存的状

村民用手机给大熊猫拍照　高华康／供图

态，1982 年，单位购买了一台海鸥牌相机，并把拍照的任务交给了我。我当时拍照就是为了工作，还谈不上喜欢。

1982年9月底，在宝兴县硗碛藏族乡境内的泥巴沟（现神木垒景区），一名伐木工人在海拔 2 820 米左右的地方，发现了一只住在树洞里的大熊猫。9 月应该是大熊猫产崽的季节，凭借在“五一棚”学习的经验，我意识到应该记录下这个过程。我上午到泥巴沟，它不在树洞里；下午，它又回到了树洞。它一天活动几次，活动时间有多长，它吃什么，幼崽出生后它怎么带，这些都需要进一步观察。

我守着那棵大树，在附近观察了 28 天。一个人在山里，不太安全，我请了一个伐木工人，一起住了几个晚上。当时也没有经验，不敢打扰它，只能远远地观察，适时拍一些照片。当时在拍照上也没怎么思考，不太懂能找什么角度，就是简单地记录。

当时都是黑白胶卷，自己洗照片。洗出来一看，好些照片都是虚焦的，只有一张架着脚架拍得稍微清晰一些。

“被需要”让我喜欢上了拍照。我托人在香港买了一台日本确善能相机，它是我拥有的第一个相机。1988 年，我调到宝兴县林业局工作，和野生大熊猫接触的机会更多了，拍的照片也多了，其中有许多大熊猫造访农户家的现场。

高华康记录大熊猫在树洞产崽的过程　高华康／供图

野生大熊猫爬树　高华康／供图

大熊猫到农户家有多种因素，有些是生病了，有些是来找吃的。如果冬天温度太低，竹子被冰封凌冻，大熊猫吃竹子之前要先破冰。这对年老体弱的大熊猫来说，确实是不小的困难，所以它会到雪线以下农户附近的竹林里寻觅竹子，有的还会进到农户家中“做客”。

农村的房子大多都有猪圈，有的房子没有围栏，大熊猫就溜进农户家里啃骨头。村民刚开始是怕大熊猫的。有一张宝兴县五龙乡的村民李廷忠喂大熊猫的照片，大家都印象深刻。其实刚开始让他去喂大熊猫，他“整死”都不去，还说“你开玩笑，‘熊’是要咬人的”。和大熊猫的相处是循序渐进的，村民不惊扰它们，它们也不伤害村民。到农户家吃习惯了，它就更不怕人了。而且，它吃完就走。

喂大熊猫吃骨头，一次还不能喂太多。就像人一样，如果突然遇上顿好吃的，就胡吃海喝，容易消化不良。

我还拍过一张大熊猫在原盐井乡的村民家灶台上吃骨头的照片。农户家的灶台上都有一个竹篾背篼，吃剩的骨头就丢在背篼里。有一只大熊猫就经常去那个农户家里。

拍这张照片，还得凭运气。我的运气还算不错。我们带着睡袋，睡在农户家的二楼。等待是煎熬又兴奋的，也不知道大熊猫来不来。晚上睡得很轻，根本不敢熟睡，也睡不着。到凌晨 2 点钟，听到“噼啪”一声，我知道大熊猫进来了。要拍到它必须轻声轻脚。农户家的房子是木头梯子，走上去有“嘎嘎”的声响。从二楼到楼下，好像过了一个世纪，又好像只过了几十秒。我既要轻手轻脚地下楼，又要迅速行动，怕惊动它，又怕赶不上，怕它吃完就走。开着闪光灯，轻轻地对着厨房拍，“咔嚓咔嚓”摁下快门，我幸运地拍到了这个珍贵的场景。从照片里看，那只大熊猫大概十多岁，牙齿很黄，应该是在山上找不到吃的，所以经常到农户家来。

能拍到这些珍贵的照片，离不开当地村民的支持，大

大熊猫到村民家中串门　高华康／供图

转移受灾大熊猫　高华康 / 供图

多数的线索都是他们提供给我的。这么多年来，我和他们许多人都成为好朋友。他们发现大熊猫，就会给宝兴县林业局打电话。该采取什么措施，该放还是该治疗，现场观察后由林业局专业评估作出决策。生老病死是自然现象，没啥事儿就自然放归，如果病得很凶就按程序送去治疗。

照片里用自己的奶瓶喂养大熊猫的孩子，已经长大成人参加工作。一起工作的同事大多已调离或退休，有的已走到人生尽头。而我，一生只做一件事，与大熊猫结缘直到退休，我很热爱工作多年的这片森林。

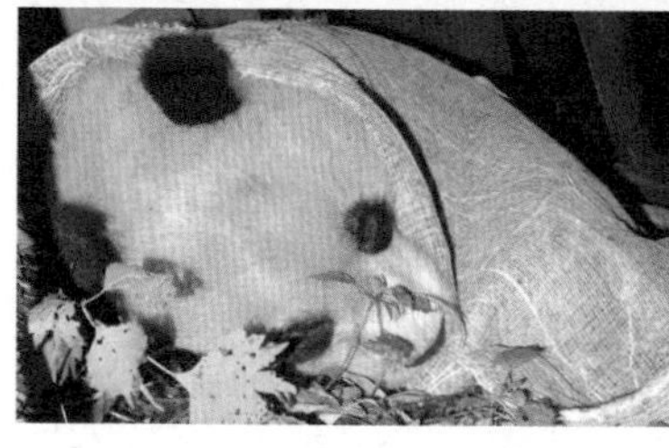

1	
2	3

1. 村里的孩子在照顾被救助的大熊猫　高华康／供图
2. 被救助的大熊猫　高华康／供图
3. 救助大熊猫　高华康／供图

大熊猫可不只是大熊猫

● 口述 / 孙前　旅游策划专家，大熊猫文化研究学者，雅安市原副市长

在我的记忆里，小时候“熊猫”是收音机品牌。当时，谁家要是有一台熊猫牌收音机，可是令人眼红的奢侈品。那时，说起大熊猫，神奇得让我无法展开想象力。

我第一次见到大熊猫是 1980 年 7 月 27 日。7 月 25 日，我从成都出发，经都江堰、漩口，再走卧龙的林区公路。沿途车不多，主要是从小金卧龙运木材到成都的车。136 千米的路竟然颠簸了整整一天，晚上才到卧龙红旗森工局所在地沙湾。现在看来，我们是在历史的关键时刻走进了卧龙。就在同年的 5 月 15 日，“中国保护大熊猫研究中心”的协议在卧龙签署。这意味着，为保护大熊猫及其生态环境，砍伐已经结束，名气很大的红旗森工局将成为历史。

我怎么也没想到，后来我会到一个跟大熊猫有着不解之缘的城市工作。

2000年1月2日晚8时，千禧年的第一个元旦假日，我从成都到雅安上任。1999年12月28日，成雅高速公路通车，同一天碧峰峡野生动物园开业。以后几年，碧峰峡模式成为全国旅游界学习的样板，扬名天下。

新建的高速公路质量不错，车速虽快但车身平稳，只听见车轮摩擦的吱吱声，窗外一片漆黑。古雅州的锦绣山河被夜幕完全覆盖。我什么也没想，静如止水，不知道安排我分管什么工作。

上班的第一个周末，我到碧峰峡调研。没想到的是，在这样的穷乡僻壤之地，碧峰峡野生动物园规划意识之超前，设计之大气和精细，管理之严格，完全出乎我的意料。在动物园内，数百种动物与人和谐相处，这是我从未见过的。遗憾的是景区动物中没有大熊猫，游客当然也不知道雅安出产大熊猫。

那个时代，雅安的官员满脸无奈地诉说，我们是最早科学发现和命名大熊猫的地方；我们给国内外贡献过100多只大熊猫，是中国之最；1982年亚运会吉祥物盼盼，原型是来自宝兴的大熊猫……诉者委屈，听者迷惑——大熊猫不是卧龙的吗？雅安只有历史上的大熊猫，现实旅游意义上的大熊猫竟然与雅安无缘。我意识到，大熊猫是从雅安走出去的，全世界高高飘扬着大熊猫之旗，我有责任考

碧峰峡景区内憨态可掬的大熊猫　郝立艺 / 供图

虑怎么打造大熊猫品牌。

我开始了大熊猫资源状况调查。首先去邓池沟教堂，也就是在西方生物界鼎鼎有名的穆坪教堂。邓池沟教堂让我惊叹，这是一座让人瞠目的庞大建筑群，占地面积 1 800 平方米，建筑面积 3 500 平方米，却隐藏在深山老林之中。法国传教士为什么会在这样偏僻的地方，兴建这样一座气势恢宏的神学院呢?

蜂桶寨自然保护区也让我惊叹，教堂就在保护区内。保护区是 1975 年成立的，域地面积 400 平方千米。现在，

碧峰峡景区　郝立艺 / 供图

整片区域都属于大熊猫国家公园的范围。那时的景象仿佛还在我眼前，大门口是清澈见底、急涌而下的东河；四周是壁立千仞、峥嵘延绵的高山。奇特的是，它一年四季都被浓绿掩映，从任何一个角度看去，都是美丽的山水画佳作。在群山中的这块坡地上，建有野生动物救护兽舍、中外合作研究绿尾虹雉基地、抢救室、野生放养圈栏和管理局办公室。这里常常有被救助寄养的大熊猫。被救助的大熊猫，待缓过劲儿来，适宜放归的，就放归山林；不宜放归的，就送到卧龙去生活。原始森林从未遭到破坏，珍稀动物太多，以致国家一级保护动物扭角羚、金丝猴会自投罗网跳进动物圈栏。

从蜂桶寨出发，顺着曾经红军长征的路线，我们要路过硗碛藏族乡，再翻越夹金山。翻过夹金山，路过小金县，就能一睹“蜀山之后”四姑娘山的美景，最后可以抵达卧龙核桃坪的大熊猫保护研究中心。

通过这次考察，我得出一个结论，做大熊猫科研，雅安无法比；做大熊猫文化，雅安得天独厚！雅安一定会做出名堂来，大熊猫会回到雅安。雅安做大熊猫旅游，应该从大熊猫文化破题。

第一件事情，是让大熊猫“回家”。在研究大熊猫旅游时，我们从国家林业局获得了一条重要信息：为了大熊猫

中国大熊猫保护研究中心雅安碧峰峡基地　郑汝成／供图

碧峰峡基地的幼年大熊猫　郝立艺／供图

人工饲养的科学性，要考虑分群饲养。

我们都知道，要在雅安新建一个大熊猫基地，得花大价钱。但是基地能否建成，事关雅安大熊猫文化品牌的前景和旅游发展。雅安市委、市政府权衡利弊，下定决心，不惜代价，势在必得，决定采取非常措施：立即提高蜂桶寨自然保护区和喇叭河自然保护区的行政级别；政府买单，无偿提供建基地所需土地；组织工程技术人员，在碧峰峡、宝兴、芦山适宜大熊猫生长的地方，拿出 5 个建基地的方案供选择。

这些“条件”还不够。卧龙专家和工作人员的后勤基地、妻小都在都江堰，他们认为，雅安很落后，如果在雅安设新点，生活更不方便。

为了打消专家的疑虑，雅安又列出更让人心动的“优惠清单”：如果在碧峰峡建基地，雅安市政府无偿提供 6 000 亩林地，所有搬迁补偿由当地政府负责（其中碧峰峡提供 3 000 亩），水、电、气路通到集体接界处；在城区最好地段，无偿给卧龙管理局提供 15 亩土地，供他们修建科研、办公和住宅之用；新基地的党务、管理、行政等，需要雅安做什么工作，一定做好服务……

雅安市政府的豁达大气，一步到位的举措，征服了大家。大家在 5 个方案中比较，选择了碧峰峡的豹子山。

CONVENTION CONCERNING
THE PROTECTION OF THE WORLD
CULTURAL AND NATURAL
HERITAGE

The World Heritage Committee
has inscribed

Sichuan Giant Panda Sanctuaries

on the World Heritage List

Inscription on this List confirms the exceptional
and universal value of a cultural or
natural site which requires protection for the benefit
of all humanity

“四川大熊猫栖息地”世界自然遗产证书　蒲正祥／供图

2001 年 12 月 26 日，“中国保护大熊猫研究中心雅安碧峰峡基地”奠基了。

第二件事情，是联合阿坝州向联合国教科文组织申请，将大熊猫栖息地作为世界自然遗产。这其实就是大熊猫国家公园的前身。

世界自然遗产是我们这个蓝色星球上的“保底”，也是我们能留给未来的珍贵礼物。全世界都知道大熊猫产于中国，但很少人知道它生活的栖息地状况。此前，九寨沟、黄龙、峨眉山和乐山大佛，都江堰与青城山都已经申报了世界自然遗产。慕名观览的海内外游客蜂拥而至。

四川尝到了申遗的甜头。特别是九寨沟、黄龙地处全州东北角，而南中部缺乏旅游的拳头产品，如果能把“卧龙—四姑娘山”这一块带动起来，全州就活了。2000 年，阿坝州率先启动了“卧龙—四姑娘山”的大熊猫栖息地申遗工作，提交《卧龙—四姑娘山 · 四川大熊猫自然遗产》文本。11 月 30 日，阿坝州的文本因为手续不符，未被列入世界遗产大会的议程。

在原省建设厅把文本送给省政府审批时，当时的常务副省长杨崇汇作了批示：雅安是第一只大熊猫模式标本的发现地，也是中国最大的大熊猫栖息地，大熊猫栖息地申报世界自然遗产没有雅安是不完整的，应该将四川大熊猫栖息地全部纳入申报范围。

2001 年，原省建设厅重新调整了四川申遗的思路，要求各个市州要用全局的眼光看待四川申遗。各市州先要分别做方案，交给建设厅汇总，省政府在 12 月 31 日前报国务院。这是一个硬任务。可以说，在当时的申遗“比赛”中，当雅安在起跑线上才听到发令枪响时，阿坝州已经在离终点线不远处散步，环顾左右，没有对手。

时间紧任务重，从大年初三开始，申遗小组克服难以想象的困难，从芦山到宝兴，再到天全喇叭河，摸清了申遗核心区、保护区、外围保护区的基本情况。关停污染性强的小企业，规范矿山开采管理，当时雅安的几个县当机立断，立即做了工作安排。同时，我们认真研究其他地方的文本，聘请专家规范地撰写文本。在大家的共同努力下，一个多月后，《四川夹金山脉大熊猫栖息地世界自然遗产》申报文本定稿。

申遗的工作不会一帆风顺，当然还经历了一些风波。最后《四川大熊猫栖息地——卧龙·四姑娘山·夹金山脉》世界遗产申报文本评审会上，专家们认为，申报统一的大文本，形成大熊猫保护的大片区，而不是依行政区划分，有利于以后的大熊猫生态环境保护。

2006年7月，“四川大熊猫栖息地——卧龙·四姑娘山·夹金山脉”项目正式被确定为世界自然遗产。在大熊猫栖息地世界自然遗产提名地中，大熊猫的核心保护区537 000公顷，雅安的天全、芦山、宝兴占281 000公顷，达52%；阿坝州的卧龙、汶川、小金、理县共200 000公顷；成都的都江堰、崇州、大邑、邛崃共25 000公顷；甘孜州的泸定、康定共31 000公顷。至此，中国有五个世界自然遗产，而这是首个动物栖息地世界遗产。

大熊猫栖息地申遗的区域，实际上就是大熊猫国家公园的雏形。

我认为，现在的大熊猫保护，一定要把保护与开发结合起来，一定要同旅游结合起来，让更多的人了解大熊猫，才更有利于保护、宣传大熊猫。

四川大熊猫栖息地环境，是藏羌彝交汇最美最诱人的西部民族生态走廊，研究大熊猫，也研究它的伴生动物和植物，这是个庞大的综合性学科，吸引着无数专家学者和大学对口专业学生。

中国现阶段还没有成大气候的主题公园，但是调整一种思维方式，我们有比迪士尼大千万倍的主题公园。我们为什么不可以把大熊猫栖息地（世界自然遗产）作为创

联合国教科文组织第 30 届世界遗产大会会场　蒲正祥 / 供图

作源泉呢？这里包括成都——四川史前文化、金沙遗址、都江堰、青城山、餐饮文化，雅安——熊猫发现史、蒙顶山、夹金山、大渡河、中外交流文化，阿坝州——羌族文化、九寨沟、黄龙、卧龙、四姑娘山……试想，以此为源泉的大熊猫文化创作基地，世世代代，能谱写出多少扣人心弦、情趣无穷的动漫系列片，能输出多少让人心醉神迷的偶像！要寻踪，要解密，要体会神奇，要探险，要追求爱情，要磨炼意志成为英雄，去走大熊猫之路，到四川旅游，这里是其大无比的大熊猫文化主题公园。

大熊猫已在地球上生活了800万年以上，但人类认识它的时间不过短短的150多年。今天，关注大熊猫的人已经越来越多，希望大熊猫国家公园建设，真正让大熊猫文化走向世界。

“生物熊猫”“文化熊猫”和“经济熊猫”

● 口述 / 罗光泽　四川省大熊猫生态与文化建设促进会会长

我动了下脑筋，想到一样宝贝。

“请你支持一下，把蜂桶寨的大熊猫，借给我们‘93名山国际名茶节’展一展。”我给宝兴县委副书记王富家打电话。

“没问题。”他说。王富家这人很实在。当时大熊猫还没有现在管得这么严。

我马上带人去宝兴。王富家安排蜂桶寨自然保护区管理处负责人杨本清，带上两个饲养员，专车专笼专人，把“老蚂”运到名山。

对，我记得它的名字。它是在宝兴蚂蝗沟被发现的。当时它受了伤，人们把它救起来，圈养在蜂桶寨，叫它“老蚂”。

老百姓哪里看到过大熊猫？1993年，旅游业才刚起步，能去宝兴看大熊猫的人少之又少。那时，我是名山县委副书记兼“93名山国际名茶节”办公室主任。以茶为媒，促进对外开放和招商引资，必须制造一些看点，烘托一下氛围。

“老蚂”在开幕式那天正式亮相，整整展出一周。不收门票，免费看。真是车水马龙、人山人海，太轰动了！

不简单。我算是体会到国宝的魅力了。它可不单单是“生物熊猫”，还是“文化熊猫”“经济熊猫”。

第一次见到大熊猫，我竟然想到了太极八卦图。

时间更早了。1983年，我任名山县委常委、宣传部部

野生大熊猫　大熊猫国家公园蜂桶寨片区／供图

长。雅安地委召开宣传思想工作会，8 个县的宣传部部长在雅安开完会，又去宝兴考察。一个很重要的点，就是去蜂桶寨看大熊猫。

我人生中第一次见到这黑白相间、呆萌可爱的动物。憨态可掬的样子，催人恨不得去摸一摸。当时我还抱着大熊猫一起合影，但那张照片现在找不到了，太遗憾了！

大熊猫身上黑一圈、白一圈的，不就跟我们传统道文化的阴阳之形高度契合吗？大熊猫呆萌可爱的外表，由里到外散发出来的亲善友好，真让人爱不释手。喜爱大熊猫的种子，从那时起，就在我心里生根发芽。

1996 年，雅安地委调我到地区广电局工作，我曾数次与记者同行，到蜂桶寨去采访报道大熊猫，宣传推荐雅安大熊猫文化。2007 年，我是雅安市社科联主席。社科联本身就跟社会组织、民间团体打交道。我想，雅安有两张国际名片，一张是大熊猫，一张是蒙顶山茶文化，有必要搞个社会组织，致力大熊猫文化研究推广。

“向部长，由我们发起，市社科联直接抓这个事情，就叫‘雅安大熊猫国际生态文化研究会’，一步到位，‘国际’。”我把想法向时任市委常委、宣传部部长向华全报告。

“好！”向部长爽快同意，要求我赶紧起草书面请示。

最后市委批准成立研究会，并任命我为会长。

2006年，立陶宛第30届世界遗产大会把四川大熊猫栖息地列入世界自然遗产名录。雅安作为核心区，占到栖息地面积的52%。2007年，我们成立雅安大熊猫国际生态文化研究会，可以说正当时。

2010年，我们又把它升格为四川省大熊猫生态与文化建设促进会。由省社科联批准，经省民政厅依法注册，原雅安地委书记杨水源同志任首任会长。

野生大熊猫在中国就分布在三个省，四川、陕西和甘肃。2015年，我带队去陕西佛坪国家级自然保护区、甘肃白水江国家级自然保护区考察。当时，陕西和甘肃没有类似组织，我想把他们整合进来。

“考虑到隶属关系，特聘你们作为团体会员，你们的领导就特聘为名誉会长，专家就作为我们的特聘专家。”我提议。

他们很乐意加入。

这样一来，一定意义上大熊猫促进会就成为全国性的。大熊猫，是雅安的，是四川的，也是中国的。

大熊猫促进会都促进些什么呢？主要促进两件事：生态与文化。“生态”是大熊猫栖息地生态保护和社区可持续发展；“文化”是弘扬大熊猫文化和助力大熊猫文化产业发展。

雅安城市吉祥物“雅雅”“安安”生日会　郝立艺／供图

大熊猫“雅雅”“安安”生日会现场布置　郝立艺／供图

我又去了蜂桶寨。

同行的，除了大熊猫促进会“熊猫村工作部”的同事，还有省林草局领导、绵阳师范学院专家。我们在蜂桶寨乡光明村，和当地干部、村民一起，坐下来，聊一聊。

光明村是典型的“熊猫村”，东面是蜂桶寨国家级自然保护区。据统计，光明村周围至少有 36 只野生大熊猫。有大熊猫，树不能砍，矿山不能开，怎么办？我们来，就是想议一议这个问题。

老百姓对栽桑树项目很有热情。有一种桑树，一人多高，林麝喜欢吃它的叶子。林麝产麝香，这就形成一个产业链。

这样的座谈会开了两次，方向基本确定。随后，好消息也接踵而至：由大熊猫促进会申报的“熊猫村扶老助老与志愿服务扶贫承接社会服务试点项目”，中华人民共和国民政部和中华人民共和国财政部批了，给 50 万元专项资金，真金白银。项目落户光明村。

光明村赶紧采购桑树苗，免费发给村民。4 月栽桑树，8 月采桑叶。2018 年 8 月，光明村 180 亩林麝食用桑树基地的第一批桑叶正式采摘。10.8 万株桑树，让 70 多户村民受益。还剩了些钱，一部分用于支付村民志愿者巡护森林的报酬，一部分购买大米、油料发放给村里的困难群众。

我算过一笔账，从 2010 年到现在，10 多年时间，大熊猫促进会争取国家有关部门和社会各界支持各地“熊猫村”社区可持续发展的资金，共计 200 多万元。

与专项资金“给了你，就要按规定花完”不一样，还有一种办法，我管它叫“细水长流”。

大熊猫促进会与副会长单位四川蒙顶酒业有限公司，共同研发“洲际熊猫酒”，并设立关爱大熊猫基金。从每

雅安少儿绘画作品亮相法国巴黎卢浮宫卡鲁塞尔厅国际艺术联创联展　雅安市文旅集团 / 供图

100 元卖酒的销售收入里提取 1 元钱，作为关爱大熊猫基金，专项用于保护大熊猫事业。这是长期效应，有这个基金，不管多和少，总之是活水、长流水。

有一次，一个英国专家来蜂桶寨考察，喝完“洲际熊猫酒”，看到酒瓶上的大熊猫图案甚是可爱，把空酒瓶带回了英国。

其实，这也是我们大熊猫促进会做的第二件事——弘扬大熊猫文化和推广文创产品。怎么弘扬？不能就文化说文化，要有载体，办法就是两个字：融合。

大熊猫文化可以和酒文化融合，也可以和茶文化、酒店文化、家居文化融合……我们建立若干个大熊猫文化与特色文化融合发展基地，想让抽象的文化体现在具体的文创产品中。

还有一个建议。这是我思索良久的建议。雅安是大熊猫文化的源头，可以在雅安设立固定性、永久性、能体现大熊猫文化的载体。比如：由雅安与“熊猫大学”西华师范大学联合创办大熊猫自然科普教育学院；雅安联合四川大熊猫国家公园管理局、西华师范大学等，共同设立“大熊猫论坛”或“大熊猫峰会”，像博鳌论坛那样办出国际影响力，使之成为雅安对外开放、招商引资、文化交流的国际文化品牌。

西华师范大学有“熊猫教父”胡锦矗、“熊猫院士”魏辅文、“熊猫校长”张泽钧等从事大熊猫研究的顶尖专家。西华师范大学是我的母校，所以我兼任了西华师范大学雅安校友会的会长。我和大熊猫促进会，愿意牵这个线。

我这人，闲不住。先是当教师，然后到县上、市上的几个部门都工作过。2011 年提前退休后，专门做大熊猫促进会的事。如果说，我退休前的岗位，是“第一人生”的话，我当然喜欢。退休后所从事的大熊猫公益事业，开启了我的“第二人生”，我更是乐在其中。

这两段“人生”，都与大熊猫有缘。我喜欢大熊猫，我感恩大熊猫！

这两个事儿，

在中国都是新事儿

● 口述 / 姜江、葛青松　大熊猫国际森林探秘学校（营地）自然教育老师

姜江： 我以前是一个很喜欢文科的人，从小喜欢看书，但我对大自然的感知很弱。在北京，更多的时间是去博物馆看展。很长一段时间，我不觉得大自然有什么魅力。在北京待了十多年，突然到了一个节点，感觉生命很干涸。在城市里，我像机器一样，稳定有序地推进工作和生活，不能有情绪。在这个过程中，好像人的生命力越来越枯竭。啊，好没意思！

这时候，有朋友怂恿说，你来四川吧……像是一种召唤。好，我来！2020年我辞职，决定来四川生活。

葛青松： 我是2021年5月来的，原因很单纯，我喜欢四川。四川和我老家黑龙江的生态，真是天壤之别。黑龙江属于寒温带与温带大陆性气候，这边是亚热带季风气

候。老家那边，一片一片的松林。东北工业不就是这么起来的吗？先拉木头后拉煤，后来又挖矿，出石油。这边不一样，植被保存得比较原始。尤其是川西，出成都平原这个大坝子，就是一片一片的原始森林。我们营地所在的地方，四川荥经龙苍沟，在横断山区，全球34个生物多样性热点地区之一。

姜江：刚离开北京到四川，虽然没什么事干，但内心仍然会紧张。大城市带来习惯性的焦虑，如果在一天里什么也没做，好像就浪费了这一天，会产生极大的罪恶感。我花了很长时间学会放松。四川的环境和做生命教育这件事，非常相应。

四川的生活里有一种放松感。生命需要时间去成就，你不可能期待这棵树，今天种下去，明天就长高。

葛青松：在大熊猫国家公园成立之前，营地就已经开始建设。之前也是打的大熊猫牌，因为龙苍沟有大熊猫野化放归基地这样一个真实的存在。

听到大熊猫国家公园成立的消息，肯定高兴！因为我们几乎成为字面意义上大熊猫国家公园里的第一所自然学校。营地教育在中国，也就是最近三五年出现的事儿，很新。大熊猫国家公园2021年底正式设立。这两个事儿，在中国都是新事儿。一方面觉得高兴，另一方面也觉得有挑战。

挑战来自压力。中国的营地教育、中国的国家公园，光是这两个名称，压在头上，就受不了。

姜江： 美国的国家公园已经存在很多年，中国的国家公园要走的路，不可能完全复制别人的模式。自然教育落在这里，是自然教育，还是公民教育、生命教育。

上一次，我们开展12千米徒步活动，一个小营员才4岁，这小姑娘全程走下来了。活动后的分享会，邀请她上来。一上来，她妈妈控制不住地哭了，她妈妈觉得很感动，没有料到小姑娘可以走下来。在走的过程中，所有大营员、小营员，路过她都会给她加油。啊，这是那个最小的营员，加油，好棒哦！小姑娘问我，你为什么要我上去啊？我说，你今天表现出非常大的勇气，是我们所有人学习的榜样。她后来又来问我，妈妈为什么那个时候有眼泪？我告诉她，有时候，眼泪并不表示难过，它可能是感动，你可以去问一下妈妈。

在那个瞬间，我也深深地被感动了，为小姑娘的勇气和坚持，为所有人的温暖支持，这是生命对生命的影响。

葛青松： 我们有条12千米的徒步路线，之前是村民采竹笋用的。大熊猫国家公园成立后，这里不能采笋了。

去踩点的路上，看到一条小蛇，很漂亮。我在林子后面抓住它，拍照，然后放掉。回来一查，是雅安一个独有的物种——横斑锦蛇。锦蛇有三种，一种在日本，一种全国广布，一种就在这边……你要看照片吗？看，它这个斑纹，超级美。它的头特别可爱，是不是？这蛇是没有毒的……自然教育的一部分，就包括消除大家对动物的恐惧。

大家对蛇的恐惧是过度的。钻林子，我从来不防蛇，因为它听到声音，早就走了，很难遇到它……见到蛇尖叫，这是大家常见的反应。这个事儿其实挺不好的，对蛇对人都不好，你被吓到，蛇也被吓到！

姜江：我们发现，很多时候，大人的限制比小孩多得多。看似家长陪着孩子来，让孩子学习和成长，其实家长也得到学习和成长。很多妈妈，特别怕虫子。城市创造了一个和自然隔绝的环境，没有接触过的东西，人当然会恐惧。她们来了后，克服的是未知带来的恐惧。

葛青松：我们在晚上观察昆虫活动，晚上昆虫数量和种类比较多。孩子们通过卡片，一个一个找对应的昆虫，一两个小时很快就过去了。我抓虫来，让他们摸。这个东西，但凡试过一次，以后都敢了。小时候，我妈说，蝴蝶不能抓，粉吃到嘴里，变哑巴。咦？我试试。还说，鼻涕虫爬过，身体会留疤。我想，没道理，蜗牛爬过为什么就不会长疤呢？那我试试。你想，十几岁的时候，别人给你说这些，你是很害怕的。什么都不知道，别人告诉你，你就信了。可我小时候就是这么干的，去试试，其实都没事儿。

姜江：鼯鼠有一天飞到我们办公室窗边来。营员们特别想夜探鼯鼠，没蹲到。没想到人家自己跑上门来造访。

葛青松：鼯鼠是松鼠的一种，加上尾巴，有七八十厘米长，比松鼠大。它前后肢之间有宽而多毛的飞膜，一展开，像身披滑翔翼。那天晚上，它从树上飞到我们办公室阳台这边，满地乱爬。我们赶紧拿相机来拍照。

橙色小鼯鼠　宋心强／供图

姜江：很多人对生物学是没有概念的。我来这里之前，总觉得蛾子丑，蝴蝶漂亮。结果，营地周围有很多漂亮的蛾子。对我而言，在营地的观察和学习，是一个不断突破认知局限的过程。不仅是谁美谁丑，甚至什么是美，也是一个不断被重新定义的过程。

葛青松：看我手机拍的这只蛾子，长得像不像天使？它就叫天使长尾天蚕蛾。这里还有一种苍蝇叫食蚜蝇，它不吃排泄物，吃蚜虫，是个捕猎者。长大后，它专门模仿蜜蜂，不光长得像，连飞起来也像。它通过模仿蜜蜂来保护自己。

姜江：大自然会向我们呈现更大的智慧……

大熊猫国际森林探秘营地

大熊猫国家公园雅安管理分局 / 供图

Panda International Forest Camp

后记

基于新闻人的职业敏感，觉得生态文明建设这个宏大的命题值得被记录。但，生态文明是什么？

2021 年 10 月 12 日，中国向世界宣布，大熊猫国家公园等首批五个国家公园正式设立。雅安是大熊猫国家公园中面积最大、山系最全、县份最多的市（州），全国第四次大熊猫调查结果显示，雅安有野生大熊猫 340 只，它们和雅安人在共同的故乡和谐相处，也产生了许多美妙的故事。生态文明落脚到“大熊猫国家公园”，我们欣喜地想，主题就是它了！

然而，当“大熊猫国家公园”这个命题真正走来时，我们却束手无策。消息、通信、系列报道、融媒体产品……此前，我们几乎用所有的传播形态对它进行过展示，但是缺沉下来的东西。怎么沉下来？史海钩沉，是去挖掘大熊猫的历史，梳理它们的脉络吗？写报告文学吗？没想好。

经过反复讨论，我们选择“口述实录”这样的形式，基于以下几个原因：

一是践行国家试点，探索大熊猫国家公园建设路径的需要。大熊猫国家公园建设试点工作以来，雅安立足资源优势，先行先试、大胆探索。在保护和发展中，如何把生态保护与经济发展相结合；“绿水青山”如何转化为“金山银山”；大熊猫保护这个职业像我们想象中的那么神秘吗……对于这些问题的探访，地方媒体有贴近基层的优势。大熊猫国家公园建设口述实录就是要对国家公园体制试点的落实情况进行原真地记录。我们想要关注“小人物”身上的故事，通过关注“小人物”去记录他们所创造的历史，用微观视角，讲好中国生态文明故事。

二是统筹推进“五位一体”总体布局，加快推动绿色低碳转型发展的需要。雅安市第五次党代会指出，大熊猫国家公园建设，为我们加快建设长江上游生态高地，在切实抓好生态环境保护的前提下，加速产业结构变革、发展空间重塑，构建以“双碳”目标引领下的绿色低碳转型发展新模式，提供了新的重大契机。雅安市委、市政府一直在思索，如何通过落实建设大熊猫国家公园的任务，弘扬大熊猫文化，讲好中国故事，同时彰显雅安绿色生态和大熊猫的独特优势。大熊猫国家公园建设口述实录是弘扬大熊猫文化、讲好雅安故事的具体产物。

三是记录历史全景的需要。历史学家唐德刚先生认为，我国有文字记录的“口述档案”可追溯到孔子的《春秋》，而后的《论语》《史记》都是口述史著作，《史记》中荆轲刺秦这一典故更是最早的“口述历史”实例。他认为，西方传统史学中，从《荷马史诗》到《马可·波罗游记》都是口述史书。大熊猫国家公园建设口述实录或许将成为中国生态文明建设史方面的重要文献。

历时 1 年，许多个日夜，我们穿行在大熊猫国家公园的森林里，跟在里面工作和生活的人们聊天。十多万字、难以计数的图片和视频。夜晚和周末，整个单位安静下来，只剩北外环的货车“呼啦呼啦”疾驰而过——而我们，才有时间整理录音，和受访者一起“经历”在大熊猫国家公园里发生的一切。

我们暗暗告诉自己，9 月，桂花暗香袭来的时候，就是截稿之时。失言。11 月，金凤山公园的鸟叫声更胜，我们又告诉自己，年底就是截稿之时。直到又一个新年到来，我们还在采访和写作。因为，这些在大熊猫国家公园里工作和生活的人们，值得我们加倍用心。

不可否认，诺贝尔文学奖得主、白俄罗斯记者兼作家 S.A. 阿列克谢耶维奇给了我们精神上的、潜意识的指引，她的《二手时间》《切尔诺贝利的祭祷》为我们记录下这些讲述者真实的讲述提供了信心。因为没有什么比真实更为打动人心。还有雅安作家陈果的《听·见》也成为我们案头的范本。

我们知道，记者的职责是追寻、记录和展示事件最本真的样子，但单纯记录很难呈现最真实的现状，有的口述内容需要贯通历史和现在。我们力求最大限度地尊重口述者的本意。因为自身才疏学浅、文辞粗浅，每一篇稿子在写作完成后，都要交给受访者。等待他们确认的过程，常常很忐忑，怕词不达意。但我们希望每一篇口述实录，都能让受访者看见自己。

省上的专家怎么联系？四川日报的王代强老师，给了我们很大的帮助。他从他的通讯录里“丢”出来20个专家，解决了我们“抬头看路”的问题。起初，我们还担心，我们只是新闻行业的“无名之辈”，而这些专家、学者在大熊猫保护研究领域都是“赫赫有名”的人物。他们没有“摆架子”，热心地接受了我们的采访，甚至充当“引路人”，为我们打开新的大门。

关键时刻，专家、团队等选择接受雅安日报的采访，这就是主流媒体的优势。传播权威信息，发出权威声音，给受众正向的引导，这也是主流媒体新闻工作者存在的价值。

雅安市委宣传部、雅安日报、大熊猫国家公园雅安管理分局、雅安市社科联等单位的领导和同仁，从选题确立、资料提供、采访联系等都给予了我们莫大的帮助。本单位的记者前辈高富华老师也热心地为我们提供了许多帮助。一并感谢。

我的同事高晓军，作为“背后的团队”文字编辑之一，负责了大量的编辑校对工作。同事徐珑源、郝立艺、马建博提供了精彩的图片支撑，完善丰富了本书的内容。

在这个浮躁的时代，一本书能被一口气读完，已是对这本书最大的褒奖。希望你们为这些文字停留，被这些故事感动。

大熊猫国家公园的建设远不止我们所记录的这些。我们在采访时常常感慨，不够深入；在写作时也感慨，太过粗糙。大熊猫国家公园建设的“现在”也在催促我们，不要偷懒，读者不会满足于此。

我们期待，和大熊猫国家公园的下一次相遇。

熊蕊

2023 年 3 月